Terratec '94
Kongreß West-Ost-Transfer Umwelt

K.-U. Rudolph (Hrsg.)

Abwasserkonzepte

Terratec '94

Fachmesse und Kongreß für Umweltinnovationen vom 8. bis 12. März 1994

Die Leipziger Umweltmesse Terratec wird 1994 bereits zum dritten Mal von der Leipziger Messe GmbH veranstaltet. Sie präsentiert in ihrem Ausstellungsteil innovative Techniken und Verfahren im Umwelt- und Energiebereich. Darüber hinaus wird die gesamte Palette der klassischen Umwelttechnologien angeboten. Besonderes Augenmerk gilt dabei dem vorbeugenden und integrierten Umweltschutz, denn „... Umweltschutz ist teuer, unterlassener Umweltschutz ist um ein Vielfaches teurer...", wie es der sächsische Umweltminister Arnold Vaatz zur Terratec 1993 formulierte.

Zum einen gilt es, in belasteten Regionen, wozu der Großraum um den Messeplatz Leipzig zählt, Umweltschäden nachhaltig und ökonomisch machbar „zu reparieren". Zum anderen kommt umweltfreundlichen Herstellungs- und Entsorgungstechnologien eine große Bedeutung zu. Die Terratec will Anbieter und Nachfrager aus Politik und Wirtschaft zusammenbringen und so einen Beitrag zur Lösung dieser nicht aufschiebbaren Aufgaben leisten.
Dabei wird die Messe nicht nur Technik präsentieren, sondern Gesamtlösungen vorstellen. Die Angebote reichen von Dienstleistungen und Beratungen über Projektierungshilfen bis zur Vorstellung von Betreibermodellen und Informationen über Finanzierungsmöglichkeiten.

Von Beginn an ist die Messe deshalb von einem umfangreichen Rahmenprogramm begleitet worden. In dessen Mittelpunkt steht der Kongreß „West-Ost-Transfer Umwelt '94". Das Kongreßprogramm widmet sich in vier Sektionen den derzeit brennendsten Problemen im Umweltsektor:

- Revitalisierung von Industriestandorten,
- Energie,
- Abwasserkonzepte,
- Abfallwirtschaft/Stoffkreisläufe.

Wesentliche Beiträge des Kongresses werden in den vorliegenden vier Bänden erstmals veröffentlicht.

Abwasserkonzepte

Terratec '94

Kongreß West-Ost-Transfer Umwelt
vom 8. bis 12. März 1994

Herausgegeben von
Prof. Dr.-Ing. Dr. rer. pol. Karl-Ulrich Rudolph
Geschäftsführer des Verbandes
privater Abwasserentsorger e. V. (VpA)

LEIPZIGER MESSE

Springer Fachmedien
Wiesbaden GmbH

Gedruckt auf chlorfrei gebleichtem Papier.

Die Deutsche Bibliothek – CIP-Einheitsaufnahme

Abwasserkonzepte / Terratec '94,
Kongress West-Ost-Transfer Umwelt vom 8. bis 12. März 1994.
Hrsg. von Karl-Ulrich Rudolph. Leipziger Messe. –
Stuttgart ; Leipzig : Teubner, 1994

ISBN 978-3-8154-3505-2 ISBN 978-3-663-07683-4 (eBook)
DOI 10.1007/978-3-663-07683-4

NE: Rudolph, Karl-Ulrich [Hrsg.]; Terratec <1994, Leipzig>; Kongress
West-Ost-Transfer Umwelt <1994, Leipzig>

Ursprünglich erschienen bei B. G. Teubner Verlagsgesellschaft Leipzig 1994.

Umschlaggestaltung: E. Kretschmer, Leipzig

Prof. Dr. Klaus Töpfer
Bundesminister für Umwelt, Naturschutz
und Reaktorsicherheit
Schirmherr des Kongresses

Grußwort

Zur Bewältigung der globalen Umweltgefahren benötigen wir Kreativität und integrierte technische Lösungen, aber wir brauchen auch Kommunikation und Öffentlichkeit, Informations- und Technologietransfer.

Mehr als 150 Staaten haben anläßlich der Konferenz der Vereinten Nationen für Umwelt und Entwicklung (UNCED) im Sommer 1992 in Rio de Janeiro die Klimarahmenkonvention gezeichnet, die alle Staaten aufruft, konkrete Schritte für eine globale effektive Klimapolitik einzuleiten. Hieraus ergibt sich eine besondere Verantwortung der Industrieländer, denn die meisten Entwicklungsländer und „Länder im Übergang" werden nicht in der Lage sein, ihren Beitrag ohne Unterstützung der Industrieländer zu erbringen. Daher enthält die Klimarahmenkonvention die Aufforderung an die Industrieländer, „Hilfe zur Selbsthilfe" zu leisten und den Informations- und Technologietransfer zwischen Nord und Süd und zwischen West und Ost zu verbessern.

Mit der Wahl des Veranstaltungsortes Leipzig, als Drehscheibe zwischen West und Ost, und dem Titel dieses Kongresses „West-Ost-Transfer Umwelt" werden wir einem Teil der Aufforderung gerecht. Im Sinne einer nachhaltigen wirtschaftlichen Entwicklung nehmen gerade die mittel- und osteuropäischen Partner für mich einen außerordentlich hohen Stellenwert ein.

Der Energieverbrauch ist in diesen Ländern bei einem geringen Wohlstandsniveau im Vergleich zu westlichen Industriestaaten sehr hoch. Wegen der geringen Effizienz der eingesetzten Energie bieten sich also erhebliche Potentiale zur Verminderung der energiebedingten Treibhausgase. Grundsätzlich können in diesen Staaten bei gleichem Mitteleinsatz wesentlich höhere Wirkungen für die Umwelt erzielt werden. Joint Implementation beziehungsweise Kompensationsmodelle bieten hier besondere Chancen für die Klimaschutzpolitik.

Im Sinne dieser Anregungen wünsche ich dem Kongreß „West-Ost-Transfer Umwelt" einen erfolgreichen Verlauf und den Teilnehmern interessante und motivierende Diskussionen.

Vorwort

Die Abwasserentsorgung macht an den notwendigen Investitionen für den Aufbau der Infrastruktur in den neuen Ländern den größten Anteil aus. Ohne geordnete Abwasserentsorgung gibt es keine Entwicklung von Gewerbegebieten, keine Möglichkeit zur Schaffung oder Erhaltung von Arbeitsplätzen und keine Ausweisung von Wohngebieten.

Die Kommunen haben mit der Pflicht, die Abwasserentsorgung nach den gesetzlichen Vorschriften zu regeln, eine schwere Aufgabe übernommen. Die vorhandenen Verwaltungskapazitäten sind in aller Regel überfordert, und bei der logistischen Abwicklung und der Finanzierung sind die Kommunen auf die Einschaltung Dritter angewiesen.

Erstmalig werden auf dem Kongreß die alternativen Lösungskonzepte vom Regiebetrieb bis hin zum privatwirtschaftlichen Betreibermodell geschlossen dargestellt, und zwar basierend auf tatsächlichen Erfahrungen und nachweisbaren Fakten. Anhand nachvollziehbarer Ergebnisse nach Besichtigung freigegebener Anlagen lassen sich für die Vertreter von Kommunen, Abwasserverbänden, Aufsichtsbehörden und Fachfirmen die notwendigen Entscheidungsgrundlagen sammeln und Hinweise für die anstehende Jahrhundertaufgabe gewinnen.

Witten, Januar 1994 Karl-Ulrich Rudolph

Inhalt

Möglichkeiten der organisatorischen Umsetzung von Abwasserkonzepten

K.-U. Rudolph

1. Einleitung

Die Umwelt- und Wirtschaftsminister des Bundes und der neuen Länder haben sich in einer "gemeinsamen Erklärung" vom 04. Dezember 1991 nachdrücklich dafür eingesetzt, angesichts der Notwendigkeit eines möglichst raschen Aufbaus der Umweltinfrastruktur in den neuen Ländern die Leistungsfähigkeit der privaten Abwasserentsorger für diese Aufgabe einzusetzen. Die Finanzierungskraft und vor allem die Verwaltungskapazitäten im öffentlichen Bereich reichen nicht aus, um das Aufgabenvolumen, das insgesamt fast dem halbjährlichen Bundeshaushalt entspricht, mit der gebotenen Schnelligkeit und Kosteneffektivität zu bewältigen. Auch in den alten Ländern stoßen die Kommunen immer mehr an ihre logistischen und finanziellen Grenzen. Die Einschaltung privater Abwasserentsorger ermöglicht es, diese Kapazitätsgrenzen zu sprengen.

Wie in **Abb.1** dargestellt gibt es mittlerweile in Deutschland in den alten und neuen Bundesländern über 60 privatisierte kommunale Kläranlagen und Kanalisationssysteme. Die Anschlußgrößen bewegen sich zwischen 5.000 und 1,2 Mio. EW. Bei einem Investitionsvolumen von knapp 4 Mrd. DM sind insgesamt über 4 Mio. Einwohnerwerte angeschlossen.

2. Einschaltung privater Abwasserentsorger als gemeindliche Beauftragte

Die Beteiligung Privater bei der gemeindlichen Aufgabe der Abwasserbeseitigung ist als Alternative zu kommunalen Organisationsformen zu prüfen. Dabei muß berücksichtigt werden:

- Mit dem vorhandenen Personal hat die Kommune oder der Verband aufgrund der vielfältigen Belastungen Schwierigkeiten, erforderliche Investitionen angemessen zu kon-

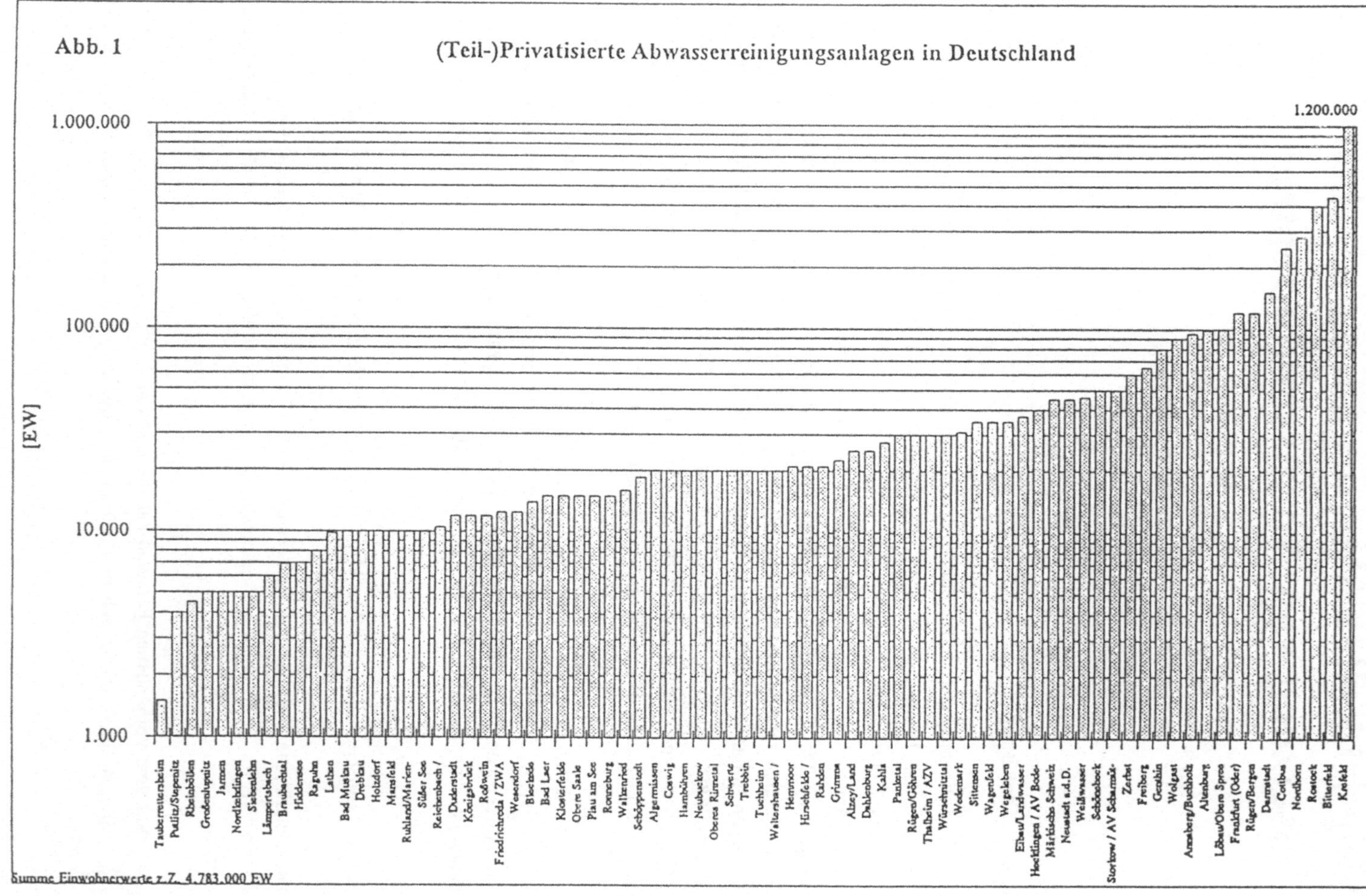
Abb. 1
(Teil-)Privatisierte Abwasserreinigungsanlagen in Deutschland
[EW]
1.000.000
100.000
10.000
1.000
1.200.000
Tauberrettersheim
Putlitz/Stepenitz
Rheinböllen
Großenlupnitz
Jarmen
Nordkehdingen
Siebenlehn
Lämpertsbach /
Braubachtal
Hiddensee
Raguhn
Lathen
Bad Muskau
Drebkau
Holzdorf
Mansfeld
Ruhland/Marien-
Süßer See
Reichenbach /
Duderstadt
Königsbrück
Roßwein
Friedrichroda / ZWA
Wesendorf
Bleckede
Bad Laer
Klosterfelde
Obere Saale
Plau am See
Ronneburg
Walkenried
Schöppenstedt
Algermissen
Coswig
Hambühren
Neubuckow
Oberes Rinnetal
Schwerte
Trebbin
Tuchheim /
Waltershausen /
Hemmoor
Hirschfelde /
Rahden
Grimma
Alzey/Land
Dahlenburg
Kahla
Panketal
Rügen/Göhren
Thalheim / AZV
Würschnitztal
Wedemark
Sittensen
Wagenfeld
Wegeleben
Elbaue/Landwasser
Hecklingen / AV Bode-
Märkische Schweiz
Neustadt a.d.D.
Weißwasser
Schönebeck
Storkow / AV Scharmütz-
Zerbst
Freiberg
Genthin
Wolgast
Annaberg/Buchholz
Altenburg
Löbau/Obere Spree
Frankfurt (Oder)
Rügen/Bergen
Darmstadt
Cottbus
Nordhorn
Rostock
Bitterfeld
Krefeld
Summe Einwohnerwerte z.Z. 4.783.000 EW

trollieren und fachlich zu betreuen. Oft ist es sogar so, daß die besonders qualifizierten Mitarbeiter in die Privatwirtschaft abwandern, wo eine bessere Bezahlung möglich ist.

- Die Aufstockung des kommunalen Personals durch Fachleute mit einschlägiger Erfahrung ist schwierig, da qualifizierte Abwasserfachkräfte zur Zeit nicht in der erforderlichen Anzahl auf dem Arbeitsmarkt verfügbar sind.

- Um den für die Gewerbeentwicklung notwendigen Investitionen die gesetzlich vorgeschriebene Entsorgungsinfrastruktur bieten zu können, ist eine schnellstmögliche Realisierung der Abwasserreinigung notwendig.

- Die hohen finanziellen Belastungen der Kommunen (z.B. für städtebauliche Maßnahmen, Straßenbau) machen eine Entlastung des kommunalen Haushaltes im Hinblick auf den möglichen Kreditrahmen notwendig.

- Zuschüsse von seiten der Länder können nicht in der ursprünglich erhofften Menge fließen. Eine Förderung durch die EG bedarf der Prüfung im Einzelfall.

- Es können Einsparungen erwartet werden, wenn leistungsfähige und erfahrene Unternehmen die Projekte im Versorgungsgebiet im Verbund mit anderen Projekten abwickeln. Durch Einschaltung eines privaten Unternehmens wird die gesamte Abwasserentsorgung als "Gesamtpaket" (Planung, Bau, Finanzierung und Betrieb) unter Wettbewerb gestellt. **Abb.2** zeigt das Verhältnis zwischen angeschlossenen Einwohnerwerten und Investitionsvolumen der bisher realisierten oder zum Festpreis abgeschlossenen Projekten. Zum Vergleich wurden die vom Bundesumweltministerium im "Leitfaden zur Abwasserbeseitigung" 1992 veröffentlichten Zahlen dargestellt, die im Durchschnitt höher liegen als die bei der Privatisierung erzielten.

3. Kriterien zur Beurteilung der Organisationsform

Bereits heute ist der Einsatz unterschiedlicher Organisationsformen für die kommunale Abwasserbeseitigung für die Kommunen möglich und im Schrifttum (z.B. "Infoblatt Kommunal" Nr. 66) dokumentiert. Grundsätzliche Alternativen der Organisationsform sind:

a) der Regiebetrieb:
die Abwasserentsorgung ist Teil der Kommunalverwaltung.

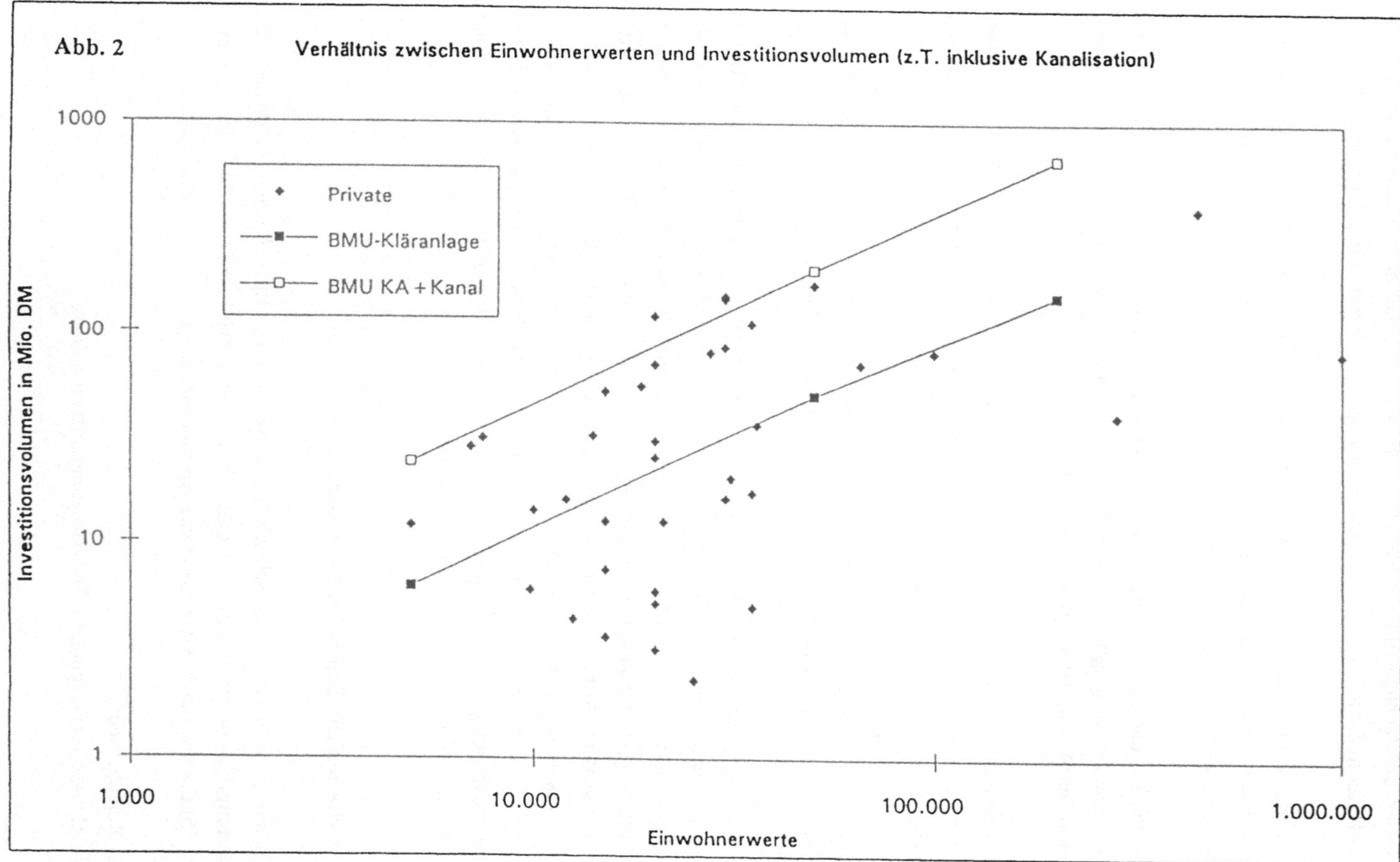

Abb. 2 Verhältnis zwischen Einwohnerwerten und Investitionsvolumen (z.T. inklusive Kanalisation)

b) der Eigenbetrieb:
wie a), jedoch eigener Haushalt und Werksausschuß.

c) die Entsorgungsgesellschaft:
wie b), jedoch als rechtlich selbständige GmbH ohne Unternehmereigenschaft.

d) das Kooperationsmodell:
wie c), jedoch mit privater Beteiligung (z.B. 49 %), dadurch Unternehmereigenschaft eindeutig gegeben.

e) das Betreibermodell:
wie d), jedoch ohne kommunale Beteiligung. Dadurch möglich: Ausschreibung und unter Wettbewerb fixierte Pauschalpreise.

Des weiteren sind verschiedene Varianten praktiziert worden, wie:

- das Besitzermodell
  (private Anlagenbesitzer, Anlagenbetrieb durch andere Unternehmen oder Kommune)

- das Teilhoheitsmodell
  (Anlageneigentum z.B. im kommunalen Verband, Errichtung und Betrieb im Kooperationsmodell)

- das BOT oder Kurzzeitbetreibermodell
  (Build, Operate and Transfer). Wie Betreibermodell, aber z.B. nur 8 Jahre Laufzeit, danach Rückkauf der Anlagen durch Verband bzw. Kommune.

- das Pachtmodell
  (Errichtung der Anlage durch Privaten, Anpachten durch die Kommune).

- zahlreiche "Kommunalmodelle", "Beratungsmodelle", "Managementmodelle" etc., die zum Teil kritisch und mit neutralem Sachverstand zu überprüfen sind.

Neben einer kompletten Übertragung der Abwasserentsorgung an einen privaten Dritten (nicht zu verwechseln mit der Abwasserbeseitigungs- und Kontrollpflicht, die grundsätzlich als hoheitliche Aufgabe bei der Gemeinde verbleibt) sind unterschiedliche Formen denkbar, die sämtliche o.g. Leistungsbereiche ganz oder auch nur zum Teil abdecken können.

4. Steuerliche und kalkulatorische Besonderheiten

Für die unterschiedlichen Organisationsmodelle gelten unterschiedliche Bedingungen bei der Besteuerung, bei Abschreibungsfragen, Zuschüssen und der Investitionszulage, die zur Zeit in den neuen Bundesländern gewährt werden.

Der private Unternehmer muß als Gewerbetreibender Gewerbe-/Vermögenssteuern bezahlen, die jedoch durch geschickte Organisation, z.B. durch "Factoring", deutlich reduziert werden können. In den alten Ländern ergab sich eine Steuerbelastung von im Mittel 10 %. (Trotzdem waren die seinerzeit vom Niedersächsischen Wirtschaftsminister publizierten Einsparungseffekte um 10 bis 30 % erzielt worden!) In den neuen Ländern besteht einstweilen noch Gewerbekapital- und Vermögenssteuerfreiheit.

Ein Vorteil der Privatisierung der Abwasserreinigung für die neuen Bundesländer ist die Nutzungsmöglichkeit von investitionsfördernden Maßnahmen der Bundesregierung. Dies ist zum einen die Sonderabschreibung Ost; sie bietet Unternehmen die Möglichkeit, in den nächsten zwei Jahren in Abhängigkeit von Faktoren wie Steuerprogression und Laufzeit bis zu 50 % der Investitionen pro Jahr abzuschreiben. Hoheitliche Träger wie Kommunen oder Zweckverbände können diese kostenreduzierenden Vergünstigungen nicht nutzen.

Zum anderen kann zusätzlich von privaten Unternehmen die Investitionszulage genutzt werden. Um das verarbeitende Gewerbe und das Handwerk in den neuen Bundesländern zu unterstützen, gibt es für Investitionen bis zu 1 Mio. DM 20 % Investitionszulage, darüber hinaus 8 %. Diese Zulage wird auch für Kanäle und Kläranlagen, jedoch nicht für die Betriebsgebäude gewährt. Diese Vergünstigung ist ebenfalls für kommunale Träger nicht nutzbar.

Bezüglich der Mehrwertsteuer ist im Ergebnis weitgehend Gleichheit zwischen Privaten und Kommunen zu verzeichnen. Die Kommune zahlt zwar keine Mehrwertsteuer auf ihre Leistungen, jedoch muß sie bei der Investition, die üblicherweise als Fremdleistung erbracht wird, die Mehrwertsteuer mitbezahlen und mitfinanzieren. Der private Unternehmer kann die Mehrwertsteuer in Form der Vorsteuer in Abzug bringen und verringert dadurch die zu investierende Summe um den jeweils geltenden Mehrwertsteuersatz. Jedoch muß der Privatunternehmer im Gegensatz zum hoheitlichen Betrieb auf sämtliche Leistungen, die er in Rechnung stellt, Mehrwertsteuer aufschlagen. So ergibt sich letztendlich bezüglich der Mehrwertsteuer eine weitgehende Neutralität der Organisationsformen.

Die zinsniedrigsten Kredite sind i.A. die Kommunalkredite, die an öffentliche Träger vergeben werden, jedoch können einschlägig qualifizierte Banken, Sparkassen und Giroverbände bei der Privatisierung der Abwasserentsorgung die steuerlichen Vorteile und straffere Projektsteuerung nutzen. Zum Beispiel verkauft das private Entsorgungsunternehmen beim "Factoring" Teile seiner Forderungen gegenüber der Kommune an die kreditgebende Bank und kann damit zu den gleichen Kreditkonditionen wie beim Kommunalkredit kommen. In einem Kooperationsmodell kam es sogar zu einem Effektivzins von 7,8 %, der 0,1 % unter dem Vergleichssatz Kommunalkredit zum selben Zeitpunkt lag.

Bezüglich der Zuschüsse ist trotz mancher anderslautender Aussagen festzuhalten, daß diese nach ausdrücklicher Bestätigung aller Landesregierungen unabhängig von der Organisationsform fließen. Voraussetzung für die Gewährung dieser öffentlichen Gelder ist jedoch im Regelfall die Durchführung einer VOL- oder VOB-Ausschreibung vor der Vergabe. Da die Zuschüsse als Prozentanteil von dem Investitionsvolumen getätigt werden, sind auch die zuschußgebenden Institutionen an einer Reduzierung des Investitionsvolumens bei gleichzeitiger Beibehaltung der Reinigungsleistung interessiert.

Im Rahmen der Harmonisierung des EG-Binnenmarktes ist mittelfristig damit zu rechnen, daß der Dienstleistungsmarkt Abwasser insgesamt offener wird. Das kann dazu führen, daß Steuerprivilegien öffentlicher Dienstleistungsbetriebe entfallen, das heißt kommunale Regie- und Eigenbetriebe oder auch Verbände werden ebenso steuerpflichtig wie private Entsorger (vgl. BMF-Diskussionspapier vom April 1993).

5. Durchführung der Privatisierung

Die Zusammenstellung der Ausschreibungsunterlagen kann, wie bei anderen Organisationsformen auch, durch ein Ingenieurbüro vor Ort geschehen; jedoch muß darauf geachtet werden, daß bezüglich des Vertragswerkes und der Wirtschaftlichkeitsbetrachtungen spezialisierter Sachverstand vorhanden ist oder zusätzlich eingeholt wird.

Beim Betreibermodell plant das Ingenieurbüro nur bis zum vereinfachten Entwurf, der die Basis der Dienstleistungsausschreibung wird. Statt des detaillierten Leistungsverzeichnisses wird ein Leistungsprogramm erstellt (das allerdings weniger Honorar abwirft). Die Detailplanung, die Bauleitung, die Sonderfachplanungen und Folgeberatungen liegen dann firmenspezifisch bei der Betreiberfirma, die selbstverständlich das bisher beschäftigte Ingenieurbüro weiter einschalten kann.

Wie in **Abb. 3** gezeigt, kann sich die ratsuchende Kommune zunächst anhand der Fachliteratur, durch Kontakt mit anderen Kommunen, Behörden und Fachverbänden erkundigen, welche Berater in Frage kommen.

Bei den Bewertungskriterien ist insbesondere die Unabhängigkeit von Liefer- und Ausrüstungsinteressen zu beachten. Viele Ingenieurbüros agieren als Tochterfirmen von Bauunternehmen, Anlagenherstellern usw. und könnten als unabhängige Schiedsrichter bei Ausschreibungsverfahren in Interessenskonflikte kommen. Analog gibt es Dienstleistungsfirmen oder Töchter von Energie-/Wasserversorgungsunternehmen, die ebenfalls wegen eines Eigeninteresses an Folgeaufträgen nicht als neutraler Berater eingeschaltet werden sollten. Zu Interessenskonflikten kann es auch führen, wenn Wirtschaftsprüfungsunternehmen, spezialisiert als Bilanzprüfer von Eigenbetrieben und Stadtwerken, mit der Realisierung von Betreibermodellen, Kooperationsmodellen etc. betraut werden. Dies ist im Einzelfall sorgfältig zu überprüfen.

Die Dienstleistungsausschreibung gemäß VOL umfaßt die komplette Leistung von Planung, Bau, Finanzierung und Betrieb der Kläranlage. Sie kann als beschränkte Ausschreibung mit vorgeschaltetem Teilnahmewettbewerb im Regelfall als öffentliche Ausschreibung durchgeführt werden. Hier greift eine der wichtigsten Komponenten der Privatisierung von öffentlichen Leistungen: **der Wettbewerb**. Ohne den preisreduzierenden Druck des Wettbewerbs fehlt der Anreiz für die privaten Betreiber, um über technische und/oder organisatorische Alternativen nachzudenken. Denn die Kostenreduzierungen erfolgen nicht durch technische "Sparlösungen", sondern durch eine optimierte Abstimmung von Planung, Investition und Abwicklung. Der Betreiber verpflichtet sich vertraglich, für einen Zeitraum von 20-30 Jahren die Abwasserentsorgung zu übernehmen. Er tut dies zu einem Festpreis, der bei gleichbleibender Reinigungsleistung nur an die inflationsbedingten Kostensteigerungen angepaßt werden kann.

Die preisreduzierende Wirkung des Wettbewerbs verdeutlicht die **Abb. 4**, die die Entwicklung des Investitionsvolumen eines von den Verfassern im Auftrag des Bundesumweltministeriums betreuten Kläranlagenprojektes darstellt. Die ursprüngliche Investitionssumme für eine 99.000 EW-Anlage mit Ausbauoption inklusive Hauptsammler betrug 106 Mio. DM. Dieser Betrag liegt für eine Kläranlage mit Stickstoff- und Phoshatentfernung und einigen Kilometern Sammler durchaus im üblichen Rahmen. Nach einem Planungscontrolling und der einsetzenden Diskussion über eine privatwirtschaftliche Organisationsform verringerte sich die Investition auf 86 Mio. DM. Die Stadt entschied sich für ein "Kurzzeitbetreibermodell" mit einer Laufzeit von 6 Jahren. Die durchgeführte BOT-Ausschreibung (build, operate, transfer) brachte Ergebnisse von 42 bis 85 Mio. DM Komplettpreis. Die Vergabe erfolgte zum technisch und wirtschaftlich geprüften Festpreis

Abb. 3 Hinweise zur Auswahl unabhängiger Beratungs-Unternehmen für die Aufgaben der Abwasserentsorgung

1. Grundsätze

Qualität des Beratungsunternehmens als Grundlage jeglicher Zusammenarbeit zur Wahrnehmung der Auftraggeberinteressen

↓

2. Vorinformation

Nach Anforderungen des Vorhabens anhand von Fachliteratur, bei Auftragebern (Kommunen, Abwasserverbänden), Behörden (Umweltminister, Wirtschaftsminister, örtliche Fachämter etc.) oder Verbänden (Verband privater Abwasserentsorger) Erkundigungen einholen, wer aufgrund von Erfahrungen und Referenzen als Berater geeignet erscheint.

↓

3. Anfrage

Die vorausgewählten Beratungsunternehmen unter Benennung des Vorhabens zur Abgabe einer projektbezogenen Bewerbung auffordern; auch zur Abgabe der Anzahl und Ausbildung der beschäftigten Ingenieure, Ökonomen, Juristen usw.

↓

4. Prüfung und Entscheidung

Bewertungskriterien:
- konkrete Referenzen **abgeschlossener** Betreibermodelle etc.
- Nachweis der unabhängigen Beratung
- Mitarbeit in Fachgremien
- personelle und technische Ausstattung (Literatur, EDV)
- persönliche Vorstellung

5. Beratungsvertrag (technische/wirtschaftliche/rechtliche Beratung)

Möglichst mit Regelungen, nach denen das Honorar nicht mit zunehmenden Baukosten etc. ansteigt.

Abb. 4 **Entwicklung der Baukosten für eine Kläranlage infolge Wettbewerb (99.000 EW mit Ausbauoption auf 170.000 EW)**

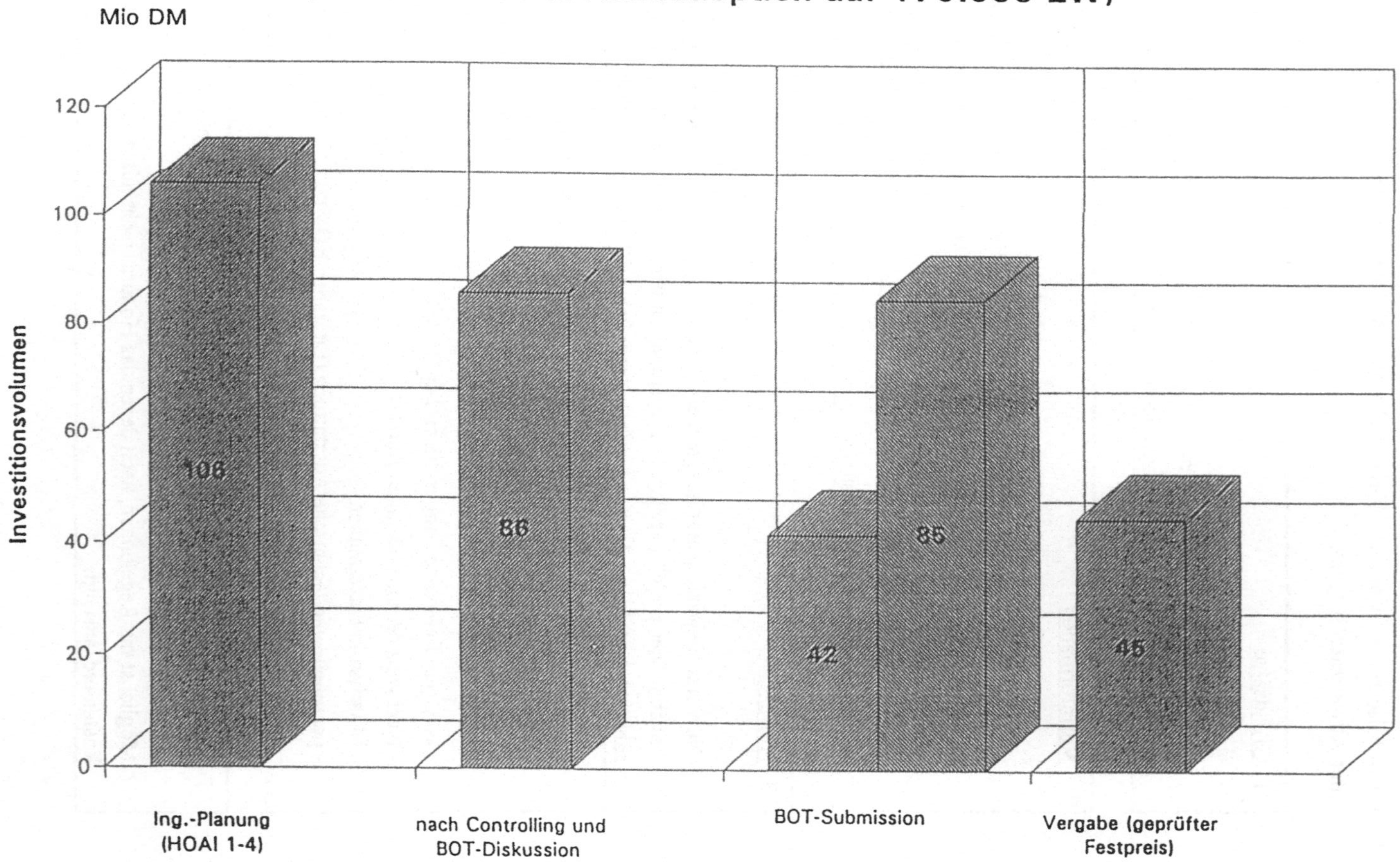

Mio DM

Investitionsvolumen

120
100
80
60
40
20
0

106
86
42
85
45

Ing.-Planung (HOAI 1-4)
nach Controlling und BOT-Diskussion
BOT-Submission
Vergabe (geprüfter Festpreis)

von 45 Mio. DM. Diese Einsparung von 61 Mio. DM - das sind mehr als 60%!- bedeutet eine erhebliche Reduzierung der zukünftigen Wassergebühren für die Bürger. Diese deutliche Verringerung ist so sicherlich nicht in allen Fällen zu erzielen; aber prinzipiell kann jedes Projekt unter Wettbewerb optimiert werden.

6. Stand der Privatisierung in Deutschland

Von den gut 60 Projekten, die mittlerweile realisiert wurden bzw. werden, befinden sich 2/3 in den neuen Bundesländern und 1/3 in den alten Bundesländern. Der große Nachholbedarf in der Abwasserreinigung der neuen Bundesländer führt zu einer regen Nachfrage. Aufgrund der fehlenden technischen und wirtschaftlichen Kapazitäten und dem Bedarf einer möglichst schnellen Realisierung wurden gerade in den neuen Bundesländern besonders viele kommunale Kläranlagen privatwirtschaftlich organisiert. Interessanterweise ist mittlerweile festzustellen, daß die Privatisierung von Abwasseranlagen in den neuen Bundesländern zu einem verstärkten Interesse in den alten Bundesländern geführt hat.

Das Interesse des Betreibers, die Zwischenfinanzierung gering zu halten und möglichst schnell seine Kosten wieder hereinzubekommen, führt zu einer Verkürzung der Bauzeit. Die Kläranlage Plau am See in Mecklenburg-Vorpommern (15.000 EW) wurde nach einer Bauzeit von 10 Monaten bereits im September 1991 in Betrieb genommen. Die positiven Auswirkungen auf die Gewässer und die Stadtentwicklung sind vorstellbar.

Als zweite deutsche Großstadt nach Krefeld, die ihre Abwasserreinigung seit 1989 in privatwirtschaftlicher Kooperation durchführt, hat sich Rostock zu einer Privatisierung entschlossen. Die Hansestadt hat unter Wettbewerb einen Betreiber sowohl für die Abwasserentsorgung als auch für die Trinkwasserversorgung gefunden. Zu den bekannten Vorteilen der preiswerteren und schnelleren Umsetzung der notwendigen Maßnahmen kam hier der Aspekt der Sicherung von mehr Arbeitsplätzen als es in der nicht-privatisierten Variante möglich gewesen wäre.

7. Zusammenfassung und Ausblick

Die Privatisierung der Abwasserreinigung führt durch eine "ganzheitliche" Optimierung unter Wettbewerb zu einer Verringerung der Kosten und zu einer Entlastung sowohl der kommunalen Haushalte als auch der Bürger. Der Nachholbedarf für die Gewässerreinhaltung in den neuen Bundesländern hat zunächst dort zu einer verstärkten Nachfrage nach Komplettlösungen (Planung, Bau, Finanzierung und Betrieb) geführt. Da jedoch auch in den alten Bundesländern nach wie vor hoher Investitionsbedarf besteht und die Kommunen bei geringeren Zuschüssen und der angespannten Finanzsituation noch knapper kalkulieren müssen, steigt auch in den alten Bundesländern das Interesse an privatwirtschaftlicher Hilfe bei der Lösung der anstehenden Aufgaben. In über 60 Projekten mit insgesamt mehr als 4 Mio. Einwohnerwerten wird die kommunale Abwasserreinigung in Deutschland ganz oder teilweise von Privatfirmen durchgeführt.

Vortrag zur Terratec Leipzig, 11.03.1994

Prof. Dr. Dr. Karl-Ulrich Rudolph
Lehrstuhl für Umwelttechnik und -management
Universität Witten/Herdecke
Postfach 6307, 58432 Witten
Telefon: 02302 / 669-125 * Telefax: 02302 / 669-225

Wasserversorgung und Abwasserbehandlung in den neuen Bundesländern

Ulrich Holésovsky

Die wasserwirtschaftliche Situation in der ehemaligen DDR

Die wasserwirtschaftliche Situation der ehemaligen DDR war durch eine außerordentlich hohe Beanspruchung der nutzbaren Wasserressourcen gekennzeichnet. Dem natürlichen Wasserdargebot von 17,7 Mrd. m^3 in einem mittleren hydrologischen Jahr und 8,9 Mrd. m^3 in einem Trockenjahr stand ein Wasserbedarf von 8,2 Mrd. m^3 gegenüber. Davon wurden 1,3 Mrd. m^3/a von den 16,7 Mio Einwohnern, 4,8 Mrd. m^3/a von der Industrie und 2,1 Mrd. m^3/a von der Landwirtschaft in Anspruch genommen. Da das natürliche Dargebot nicht 100%ig genutzt werden kann, wurde je nach Besiedlungsdichte und Industriestandort mancher Wasserlauf mehrfach genutzt.

Mehr noch als das geringe natürliche Wasserdargebot bereitete die schlechte Wasserbeschaffenheit, resultierend aus dem nur mangelhaften Bestand an kommunalen und industriellen Kläranlagen bei einem Abwasserlastanfall von 66 Mio Einwohnergleichwerten (EGW) immer größere Probleme bei der Deckung des Wasserbedarfs.
1989 war folgender Stand der kommunalen Abwasserbehandlung zu verzeichnen:

- 57,7 % des Gesamtabwasseranfalls wurden in einer Kanalisation zentral abgeleitet,
- 22,3 % des Gesamtabwasseranfalls wurden in mechanisch arbeitenden Kläranlagen behandelt,
- 35,4 % des Gesamtabwasseranfalls wurden in biologisch arbeitenden Kläranlagen behandelt.

Prozeßstufen zur weitergehenden Abwasserbehandlung mit Nitrifikation/Denitrifikation fehlten. Eine chemische Phosphatfüllung wurde nur in den Berliner Kläranlagen praktiziert. Dieser Sachstand war nicht den volkseigenen Wasser- und Abwasserbetrieben als Auftraggeber oder dem für die Planung und Errichtung verantwortlichen "Kombinat Wassertechnik und Projektierung Wasserwirtschaft" anzulasten, sondern der völlig unzureichenden materiellen Basis. Die Projektierungseinrichtungen und ihre Auftraggeber waren zwar ständig mit der Vorbereitung von Investitionen beschäftigt, doch zur Ausführung kam nur ein geringer Teil. Anspruchsvolle technische Lösungen scheiterten in der Regel am Mangel. Die im Ergebnis dieser, in einer ineffizienten Wirtschaftstätigkeit begründeten mangelhaften Investitionspolitik, entstandene Situation in der Naturressource Wasser läßt sich zum Zeitpunkt des wirtschaftlichen und politischen Ende der DDR wie folgt charakterisieren:

- 42 % der Wasserläufe und 24 % der stehenden Gewässer waren durch Schadstoffe so stark belastet, daß sie für eine Trinkwasseraufbereitung nicht mehr genutzt werden konnten. Einige Gewässer waren in den Unterläufen biologisch verödet;

- 36 % der Wasserläufe und 54 % der stehenden Gewässer waren so belastet, daß sie nur mit einer aufwendigen und komplizierten Technologie zu Trinkwasser aufbereitbar gewesen wären;

- 19 % der Wasserläufe und 21 % der stehenden Gewässer wären mäßig belastet;

- nur 3 % der Wasserläufe und 1 % der stehenden Gewässer waren ökologisch intakt (MACHOLD et. all.).

Die wasserwirtschaftlichen Aufgaben der neuen Bundesländer nach der Wiedervereinigung

Nach der Wiedervereinigung Deutschlands bestand die Aufgabe eines möglichst schnellen Angleichs des wasserwirtschaftlichen Situation mit einer umfassenden Gewässersanierung um die:

- Herstellung einer physiologisch unbedenklichen Rohwassergrundlage für die Trinkwasserversorgung der Bevölkerung zu erreichen,

- die Bewirtschaftung der Gewässer als Bestandteil des Naturhaushaltes so zu gestalten, daß sie dem Wohl der Allgemeinheit und im Einklang mit ihm auch den Nutzen einzelner dienen und daß jede vermeidbare Beeinträchtigung unterbleibt,

- Einhaltung internationaler Verpflichtungen der BRD bezüglich der Reinhaltung von Nord- und Ostsee zu garantieren.

Grundlage dieser Zielstellung war der Artikel 8 des Einigungsvertrages, in dem vereinbart war, daß ab 3.10.1990 auf dem Gebiet der neuen Bundesländer grundsätzlich Bundesrecht Gültigkeit hat.
Ausgehend von:

- dem zum Zeitpunkt der Wiedervereinigung bestehenden geringen Anschlußgrad der Bevölkerung an zentrale Kanalisationen und Kläranlagen,

- dem, gegenüber der gültigen Bundesdeutschen Gesetzlichkeit, niedrigen Aus-Ausrüstungsstand der bestehenden Kläranlagen,

- dem teilweise schlechten baulichen Zustand und der bestehenden Überlastung vieler Kläranlagen,

ergibt sich ein enormer Planungs- und Investitionsbedarf von geschätzten 125 Mrd. DM für den Aufbau einer ordnungsgemäßen Wasserentsorgung in den neuen Bundesländern.

Der Grundsatz des § 1 a des Wasserhaushaltsgesetzes der BRD hatte nun auch für die neuen Bundesländer die Konsequenzen, daß die Abwasserbeseitigungspflicht den Kommunen übertragen wurde. Lediglich Industriebetriebe können die Abwasserbeseitigungspflicht selbst übernehmen, wenn es sich als zweckmäßig erweist, industrielles und kommunales Abwasser gemeinsam zu beseitigen.
Gemeinden können sich zur Erfüllung ihrer Beseitigungspflicht zu Abwasserzweckverbänden zusammenschließen oder sich privater Dritter bedienen. Aber auch bei Delegation der Abwasserbeseitigung verbleibt die Abwasserbeseitigungspflicht und damit die wasserrechtliche Verantwortung bei den Kommunen.

Die Übergangsperiode nach der Wende war in den neuen Bundesländern zunächst geprägt durch die Bildung neuer Verwaltungsstrukturen sowohl bei den Kommunen als auch bei den Umweltfachinstituten. Durch die neu gebildeten Umweltfachämter wurden dann Abwasserbeseitigungszeilpläne erstellt, die nach überregionalen Gesichtspunkten für einen umfassenden Gewässerschutz erforderliche Belange berücksichtigen. Diese Abwasserbeseitigungszielpläne weisen Standorte möglicher Kläranlagen aus, die durch ihre Lage den zu entsorgenden Gemeinden und zu den für die Abwasserableitung geeigneten Gewässern für den Bau von bedeutsamen Kläranlagen besonders gut geeignet sind. Diese in den Abwasserbeseitigungszielplänen ausgewiesenen Kläranlagen werden besonders gefördert. Auf der Grundlage dieser Abwasserzeitplanung schlossen sich oft Gemeinden zu Abwasserzweckverbänden zusammen und beauftragten Ingenieurbüros mit der Planung und Organisation der Errichtung von Kläranlagen, Abwassernetzen und Abwasserüberleitungen zu den zentralen Kläranlagen. Gemeinden sind jedoch nicht verpflichtet, sich einer zentralen Entsorgung anzuschließen, sie können auch Einzellösungen anstreben. Die dann von den Umweltbehörden erteilten Auflagen an den erwünschten Reinigungseffekt der Kläranlage sind in diesen Fällen meist erhöht.

Die Zielstellung einer optimalen Abwasserentsorgung über eine möglichst große und zentrale Kläranlage bei gleichzeitig möglichst minimalen Investitions- und Betriebskosten für die im Verband zusammengefaßten Gemeinden stimmt aber bei weitem nicht in allen Fällen überein, so daß gegenwärtig häufig eine Neuorientierung in der Abwasserentsorgungsstrategie erfolgt. Dieser Prozeß verstärkt sich gegenwärtig, da auch die Mittel für eine finanzielle Förderung knapper werden.

Wenn man konstatiert, daß die alten Länder der Bundesrepublik 40 Jahre benötigten, um den heutigen Stand der Abwasserentsorgung zu erreichen, wird deutlich, welche gewaltige Aufgabe in den ostdeutschen Ländern der Bundesrepublik zu bewältigen ist, um die

Mindestanforderungen nach der Rahmen-Abwasserverwaltungsvorschrift in einem absehbaren Zeitraum einhalten zu können.

Mindesanforderungen nach Rahmen-Abwasserverwaltungsvorschrift

Größen-klasse	Einwohner	CSB mg/l	BSB_5 mg/l	H_4-N*) mg/l	anor. N*) mg/l	gesamt-P mg/l
1	< 1.000	150	40	-	-	-
2	< 5.000	110	25	-	-	-
3	< 20.000	90	20	10	18	-
4	< 100.000	90	20	10	18	2
5	100.000	75	15	10	18	1

*) Diese Anforderung gilt bei einer Abwassertemperatur von 12 ° C und größer im Ablauf des biologischen Reaktors der Abwasserbehandlungsanlage. An die Stelle von 12 ° C kann auch die zeitliche Begrenzung vom 1. Mai bis 31. Oktober treten.

Die aktuelle Situation

Mit Stichtag 1.1.1993 ist mehrheitlich die laut Einigungsvertrag vorgesehene Rekommunalisierung der ehemaligen VEB Wasser- und Abwasserbehandlung (WAB) in den neuen Bundesländern vollzogen. Für den Bürger hat sich damit am deutlichsten vor allem der Preis für Wasser- und Abwassergebühren geändert. So gehören heute interessanterweise die Wasser- und Abwassergebühren zu den Kosten, die in den neuen Bundesländern über denen in den alten Bundesländern liegen, ohne daß jedoch weder die Wasserqualität noch die Güte der Abwasserentsorgung die gleichen Sprünge gemacht haben wie die Preise.

Diese Entwicklung ist nicht nur bedauerlich, sondern steht dem Ziel "Aufschwung Ost", womit ja wohl die wirtschaftliche Entwicklung in den neuen Bundesländern gemeint ist, entgegen. Eine wirtschaftliche Entwicklung ist ohne die Bereitstellung entsprechender Infrastrukturen zu attraktiven Preisen undenkbar. Hierzu zählen natürlich auch die Wasser- und Abwasserpreise.

Die Ursachen für diese ungesunde Entwicklung in den neuen Bundesländern sind vielfältiger Natur.
Einige davon seien hier nur beispielhaft genannt:

- Man vergaß, wie in vielen anderen Dingen auch, daß die kommunalen Systeme in den alten Bundesländern, die für die neuen Länder als Vorbild herhalten sollen, dort aber in über vier Jahrzehnten in einer stetig wachsenden Volkswirtschaft entstanden sind.

- Die oftmals schlechten Erfahrungen mit den ehemaligen WAB's werden diesen von den neuen kommunalen Eigentümern teilweise einseitig angelastet ohne Berücksichtigung der Tatsache, daß der oder die WAB's auch nur Teile der monströsen Planwirtschaft waren. Hierdurch wird oftmals eine sinnvolle Zusammenarbeit unter einem Dach behindert.

- Die "Schnelle Mark" lockte auch so manchen Planer, und so entstanden überdimensionale Projekte, die sich im nachhinein als betriebswirtschaftlicher Unsinn herausstellen

Die aktuelle wirtschaftliche Situation in den neuen Bundesländern erfordert alternative Lösungen, um trotz der aller Orten herrschenden Finanznöte die notwendige Infrastruktur aufbauen zu können. Weshalb nicht privatwirtschaftlich betriebene Wasserwerke und Kläranlagen unter unterschiedlicher Einbeziehung der Kommunen, aber bei voller Wahrnehmung der Kontrollpflicht der Kommunen? Wie eine Reihe anderer privater Anbieter bietet auch die UTAG den Kommunen und Zweckverbänden eine privatwirtschaftliche Lösung für die Wasserver- und Abwasserentsorgung an. Sie schließt das Errichten, Finanzieren und Betreiben dazu notwendiger Anlagen ein.

Das UTAG-Konzept

Die UTAG ist als Unternehmen in den neuen Bundesländern mit ca. 700 Mitarbeitern in besonderem Maße an der wirtschaftlichen Entwicklung ihres Heimmarktes interessiert, deshalb basiert das UTAG-Konzept auf der klaren Prämisse:

> Wasser- und Abwassergebühren dürfen die wirtschaftliche Entwicklung einer Gemeinde oder Region nicht behindern. Daher kann und muß auch die Errichtung und der Betrieb wasserwirtschaftlicher Anlagen nach klaren betriebswirtschaftlichen Gesichtspunkten erfolgen.

Die UTAG bietet daher ihren Kunden folgende Konzeption an:

1. Ermittlung der finanziellen Rahmenbedingungen
2. Planung bzw. Überarbeitung bereits vorhandener Planungen unter strikter Einbindung in den vorher ermittelten Finanzrahmen.

Die UTAG wird nur dort eine persönliche Beteiligung anbieten, wo ein Konsenz zwischen Ökonomie und Ökologie möglich ist. Daher operiert die UTAG in mehreren Phasen, wobei die Phase 1, die die Abarbeitung der oben erwähnten beiden Einflußfaktoren Finanzrahmen und technisches Konzept beinhaltet, durch eine Absichtserklärung eingeleitet wird, in der der kommunale Partner und die UTAG bekunden, eine gemeinsame Gesellschaft zur Lösung der Wasser- und/oder Abwasserprobleme zu gründen.

Kommt es zu keiner Lösung, die sowohl von dem oder den kommunalen Partnern in den entsprechenden parlamentarischen Gremien mehrheitsfähig sind als auch vom Mehrheitseigner der UTAG einvernehmlich getragen werden können, so endet das mit der Absichtserklärung eingegangene vorläufige Vertragsverhältnis an diesem Punkt, d. h., mit überschaubaren Kosten für die Partner, ohne den Weg für andere Lösungen verbaut zu haben.

Kommt es zu dem erforderlichen angestrebten Konsenz zwischen Ökologie und Ökonomie, so werden in Phase 2 die entsprechenden Detailverträge erarbeitet, und die darauf gegründete gemeinsame Gesellschaft oder auch Gesellschaften beginnen unverzüglich mit der Realisierung der vorgängig festgelegten Maßnahmen, deren Kostenrahmen, zeitlicher Ablauf und Gebührenkonsequenzen aber dann bereits allen Beteiligten bekannt sind.

Somit erfüllt das UTAG-Konzept die Bedingungen der Transparenz in allen Punkten der Planung und Realisierung mit einer klaren wirtschaftlichen Zielsetzung.

Das Abwasserkonzept der Stadt Hamburg (Regiebetrieb)

Dipl.-Ing. Wolfhard Klemp

1. Einführung

1.1. Lage und Größe der Stadt

In der Freien und Hansestadt Hamburg leben rd. 1,7 Mio Einwohner; in der Region etwa 2,5 Mio Einwohner. Das Gebiet der Stadt umfaßt 755 km^2. Die mittlere jährliche Niederschlagshöhe beträgt 760 mm. Hamburg liegt an der Elbe, etwa 90 km von der Nordsee entfernt. Der mittlere Tidehub (Ebbe/Flut) beträgt alle 12,5 Std. ca 3,3 m. Bei extremen Sturmfluten kann der Wasserspiegel der Elbe in Hamburg um etwa 5 m ansteigen. Die Stadt und damit auch alle Gewässereinmündungen (Flüsse,Entwässerungseinleitungen) müssen deshalb gegen Flutwasserstände geschützt - die Vorflut muß während der Flutzeiten durch große Pumpwerke aufrecht erhalten werden.
Die Stadt liegt teils im Marschgebiet (Flußablagerungen), teils auf der Geest (eiszeitliche Sand-und Geschiebelehmablagerungen). Das Gelände ist überwiegend sehr eben und weist wenig Gefälle auf. Die Entwässerung ist dadurch erheblich erschwert. Der Baugrund ist stark wechselnd und unterschiedlich tragfähig (Klei,Torf,Sand,Lehm,Geschiebelehm). Der Grundwasserstand liegt in der Regel 1 bis 3 m unter Gelände .

1.2 Geschichtliche Entwicklung des Abwassernetzes in Hamburg

Die Anfänge des Kanalnetzes gehen auf 1842 zurück. Der englische Ingenieur William Lindley entwarf ein Entwässerungsnetz, das auch heute noch in Hamburgs Innenstadt in Betrieb ist. Die Kanäle wurden gemauert; eine Bauweise, die sich für die inneren und äußeren Beanspruchungen bewährt hat. Die Querschnitte wurden sehr groß angelegt,um das Abwasser auch in der etwa 7 stündigen Flutzeit der Elbe zwischenspeichern zu können. Diese großen Kanäle erlaubten es später, das Abwasser der nach außen wachsenden Stadt mit aufzunehmen, auch heute noch. Die ältesten Kanalnetzabschnitte sind damit heute 150 Jahre alt. Jetzt müssen allerdings Teilabschnitte erneuert werden.
Die Ausweitung der Kanalnetze konnte überall nur verzögert dem stürmischen Wachstum der Städte folgen. Als Beispiel : in Hamburg wuchs das Kanalnetz in der Vergangenheit wie folgt auf die jeweiligen Gesamtlängen von:

bis 1865 auf ca. 105 km; bis 1910 auf ca 700 km; bis 1938 auf ca. 1. 800 km;
bis 1973 auf ca. 4.000 km und bis 1993 auf ca. 5. 300 km.

Heute sind rund 97 % der Bevölkerung Hamburgs an das Kanalnetz angeschlossen; rund 18. 000 Grundstücke noch nicht.

2. Generelle Konzeption der Abwasserbeseitigung in Hamburg

Die Elbe bildet die natürliche Vorflut für die Entwässerungssysteme. Die topographischen Bedingungen haben sich deshalb auf die Einzugsgebiete der Abwassernetze ausgewirkt, die auch im Hamburger Raum nicht immer an der Landesgrenze haltmachen. Teilgebiete Hamburgs entwässern in die angrenzenden Bundesländer, andere Regionalgebiete entwässern nach Hamburg. Die Abwasserüberleitungen sind vertraglich geregelt worden.

Die Abb. 1 zeigt die Abwasser - Einzugsgebiete der Klärwerke im Hamburger Raum. Hamburg mußte immer Interesse haben,daß die nach Hamburg fließenden Gewässer in ihrem Oberlauf nicht nennenswert belastet werden .Dies hätte sonst vor allem in den Staugewässern Hamburgs,den Außen- und Binnenalsterseen, deren Wasserqualität für Hamburg von großer Bedeutung ist, zu erheblichen Nachteilen geführt. So konnte durch Verhandlungen mit vielen Umlandgemeinden erreicht werden, daß dort nicht eigene Kläranlagen errichtet wurden, sondern das Abwasser nach Hamburg übergeleitet wurde. Das in den örtlichen Kläranlagen behandelte Abwasser hätte sonst die Gewässer mit unvermeidlichen Restverschmutzungen und Phosphor-und Stickstoffverbindungen belastet. Diese Gewässerdüngung verursacht die bekannten Folgeerscheinungen des ungehemmten Wachstums,der Sauerstoffnot, des Absterbens und der Schlammbildung mit weiteren negativen Folgen.

Während dieses Konzept mit den Nachbargemeinden zum beiderseitigen Vorteil gut realisiert wurde, war und ist immer noch die hohe Vorbelastung der Elbe für Hamburg eine große Sorge und mit sehr erheblichen Problemen verbunden. Vor allem die aus den Hafenbecken jährlich zu entfernenden 2 Mio m^3 Baggergut sind dadurch hoch belastet und können nur mit hohen Zusatzkosten beseitigt werden. Die Abwasserreinigung Hamburgs kann noch so gut sein, die Qualität des Elbwassers ist damit nicht entscheidend zu bessern. Die hohe Vorbelastung des Elbwassers vor allem mit schwer abbaubaren chemischen Substanzen hat den Fluß zu dem am stärksten belasteten in Deutschland gemacht. Die ehemalige DDR und die Tschechoslowakei unternahmen fast nichts, dies zu ändern. Seit 1990 bessert sich die Qualität nunmehr. Trotzdem bleibt noch viel zu tun.
Interessant ist ein mathematisches Sauerstoffmodell der Elbe aus dem Jahr 1983 (Abb. 2). In diesem Modell wird für verschiedene Belastungsfälle deutlich, daß selbst dann, wenn in Hamburg überhaupt kein Abwasser eingeleitet werden würde (Kurve 4), die hohe Vorbelastung der Elbe im Hafenbereich zu einem tiefen Sauerstoffeinbruch führt.

Hamburg hat trotz allem die gesetzlichen Forderungen entsprechend Wasserhaushaltsgesetz und 1. Abwasserverwaltungsvorschrift erfüllt. Hamburg nimmt nach den Beurteilungskriterien der Abwassertechnischen Vereinigung auf allen Sektoren der Abwasserreinigung zur Zeit eine Spitzenstellung ein.

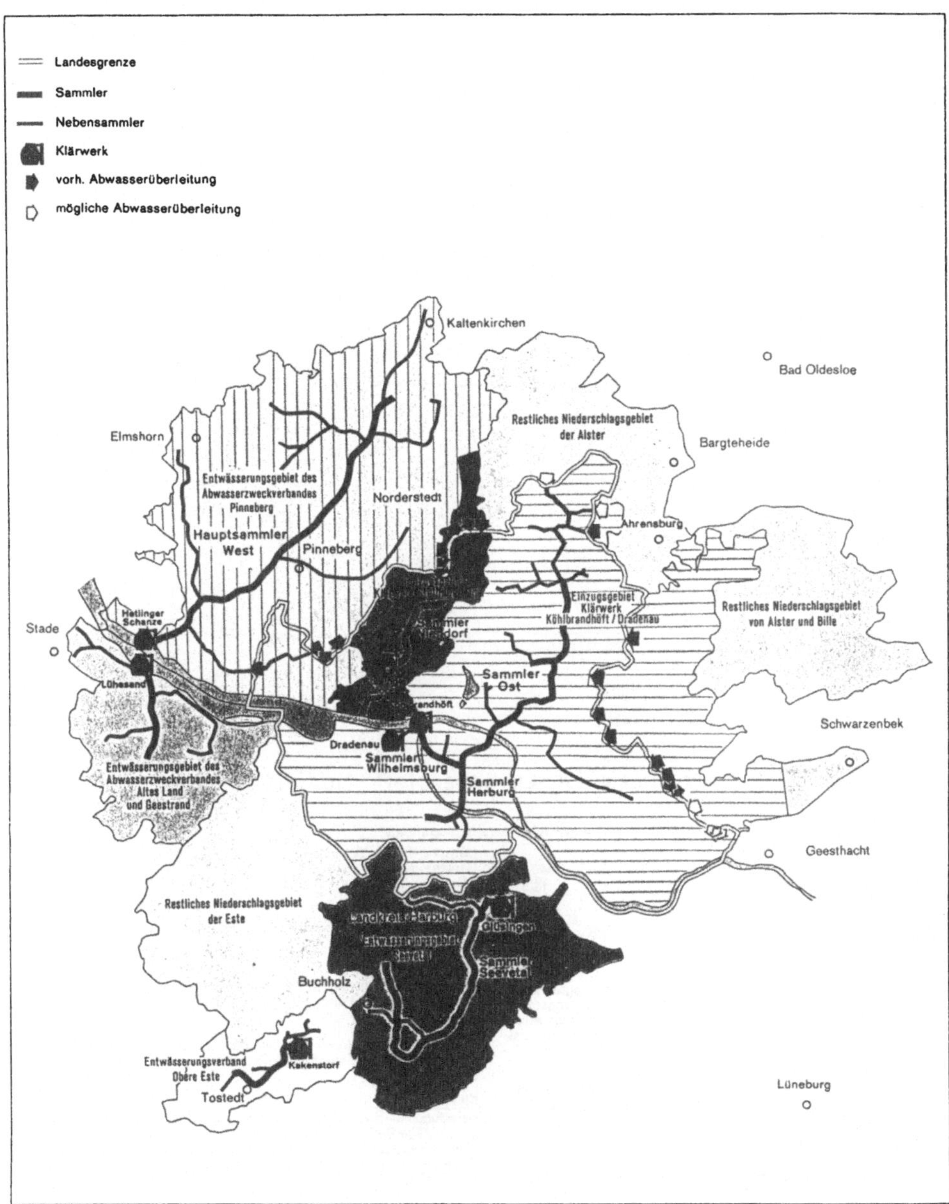

Abb. 1: Einzugsgebiete der Klärwerke im Hamburger Raum

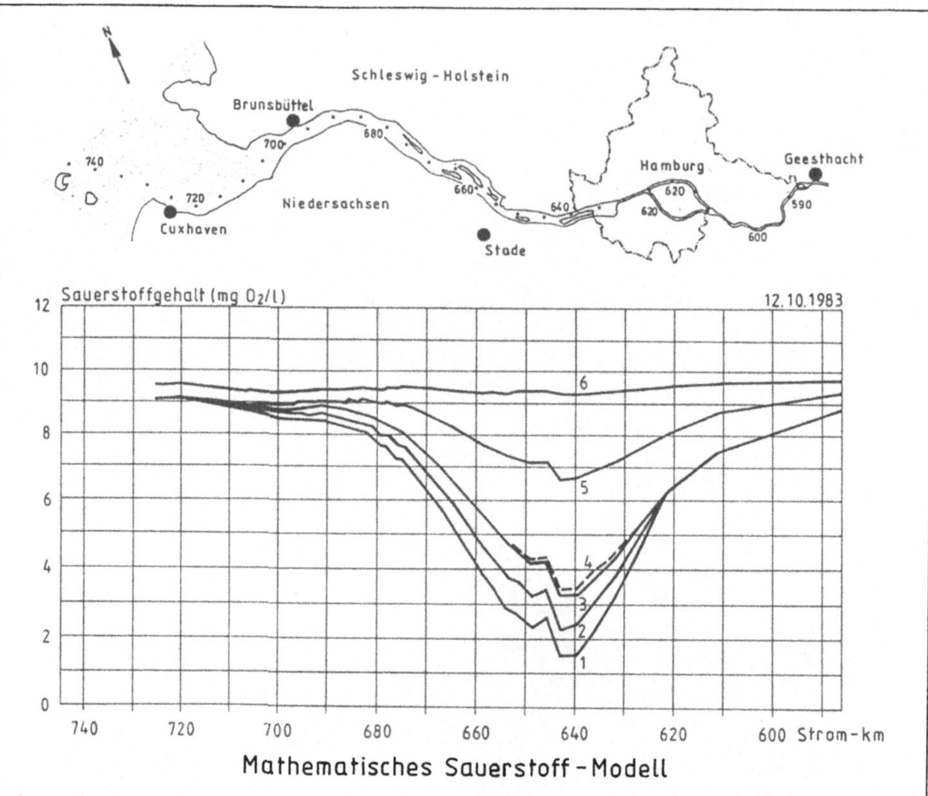

Allgemeine Randbedingungen

Mittlere Tide	
Oberwasserabfluß	340 $m^3/_s$
Mittlere Wassertemperatur	13,5 °C
Sauerstoffgehalt des über das Wehr von oberstrom zufließenden Elbwassers	8,9 mg O_2/l
Belastung des von oberstrom zufließenden Elbwassers als BSB_{20}	25 mg O_2/l

Die in der vorstehenden Graphik abgebildeten Sauerstoff-Längsprofile gelten jeweils für die beschriebene allgemeine hydrographische Situation, die am 12. Oktober 1983 tatsächlich in der Natur eingetreten ist. Durch die Modellrechnung wurden nur die Belastungen mit sauerstoffzehrenden Substanzen für die in der folgenden Erläuterung angestellten Belastungsfälle berechnet:

Kurve 1:
Sauerstoff-Längsprofil für den Belastungsfall ohne Klärwerk Köhlbrandhöft Süd. D. h. dieses Sauerstoff-Längsprofil hätte sich am 12. Oktober 1983 eingestellt, wenn das Klärwerk Köhlbrandhöft Süd noch nicht in Betrieb gewesen wäre.

Kurve 2:
Sauerstoff-Längsprofil für den Belastungsfall Klärwerk Köhlbrandhöft Süd ist in Betrieb. Die Differenz zwischen Kurve 1 und Kurve 2 gibt den Sanierungserfolg durch die Abwasserreinigungsleistung, die vom Klärwerk Köhlbrandhöft Süd erbracht wird, wieder.

Kurve 3:
Belastungsfall nach Inbetriebnahme des Klärwerks Dradenau, d.h. einschl. Nitrifikation.

Kurve 4:
Theoretischer Belastungsfall für den Zustand, daß kein Abwasser in Hamburg eingeleitet wird.

Kurve 5:
Belastungsfall nach Inbetriebnahme des Klärwerkteiles Dradenau bei gleichzeitiger Reduzierung der Vorbelastung um 50 % bei Schnackenburg.

Kurve 6:
Belastungsfall nach Inbetriebnahme des Klärwerks Dradenau und gleichzeitige Reduzierung der Vorbelastung um 90 % bei Schnackenburg (dieser Idealfall entspricht in etwa der natürlichen biologischen Grundbelastung, d.h. ohne jegliche anthropogenen Einflüsse im ganzen Einzugsgebiet der Elbe).

Abb. 2 : Mathematisches Sauerstoff-Modell der Elbe für verschiedene Belastungsfälle (nach Drucksache 11/3159)

3. Größe und Funktion des Abwassernetzes

Das Abwassernetz Hamburgs ist sehr ausgedehnt. Das ebene Gelände macht es notwendig, 190 Pumpwerke einzusetzen. Das Netz wird im Mischsystem und mit Trennkanalisation betrieben. Seit 60 Jahren wird im wesentlichen nur noch das Trennverfahren angewendet. Das mit geringem Gefälle verlegte Mischwassernetz benötigt Überläufe, die bei Starkregen anspringen. Etwa 50% der an das Kanalnetz angeschlossenen Flächen entwässern in das Mischkanalnetz. Hierin liegt ein Problem, auf das später noch eingegangen wird.
Um die Leistungsfähigkeit des Gesamtnetzes zu erhöhen, ist vor 25 Jahren mit dem Bau zahlreicher Sammler und Nebensammler begonnen worden. Hierfür sind seitdem etwa 1,5 Mrd DM aufgewendet worden (d.h.im Mittel 60 MioDM/Jahr). Es sind über 100 km großkalibriger Leitungen mit einem Durchmesser bis zu 4 m in den Untergrund eingebracht worden. Diese Leitungen liegen durchweg tiefer als 10 m unter Gelände. Sie konnten damit häufig über 1 000 m lang unterirdisch vorgepreßt oder durch andere Baumethoden aufgefahren werden. Wegen der Verkehrsstörungen und des Baulärms bei einer offenen Bauweise, war das ein großer Vorteil in einer Großstadt. Diese tiefliegenden Sammler können nun aus dem darüber liegenden Mischkanalnetz bei stärkerem Niederschlag auch teilweise die Abwassermengen aufnehmen, die sonst durch Überläufe die Gewässer belastet haben. Hierzu ist jedoch ein besonderes Leit-und Steuersystem notwendig, auf das nicht näher eingegangen werden kann. Immerhin umfaßt das Volumen der Sammler und Nebensammler rd. 500 000 m^3, das etwa zu 2/3 als Speichervolumen für das Mischwasser genutzt werden kann.
Das 5.300 km lange Netz ist so ausgedehnt, daß das Abwasser aus den Randgebieten etwa 8 bis 10 Stunden benötigt, bis es die Kläranlage erreicht. Auch daraus können wieder Probleme erwachsen, weil das Abwasser "frisch" gehalten werden muß. Deshalb ist der ständigen Frischluftzufuhr in das Netz besondere Aufmerksamkeit zu widmen.
Zum Abwassernetz gehören auch die 14.000 km Hausanschlußleitungen, so daß das Gesamtnetz fast das halbe Erdenrund umspannt.

Das Abwassernetz wird durch Rückhaltebecken ergänzt. Trotzdem sind die Speicherkapazitäten zusammen mit dem Netz natürlich niemals in der Lage, die in einem Wolkenbruch oder bei Starkregen niedergehenden Wassermengen aufzunehmen. So können in einem Gebiet von z.B. 200 km^2 rd. 5 Mio m^3 in kurzer Zeit niedergehen. Abb. 3 zeigt schematisch, wie ein Teil der Menge aufgenommen und in den Kläranlagen abgearbeitet werden kann. Die Kläranlagen sind ohne nennenswerte Leistungseinbuße jedoch nur in der Lage, etwa den doppelten Trockenwetterzufluß aufzunehmen. Die im System nicht aufnehmbaren Mengen laufen in die Gewässer über. Da dieses Mischwasser jedoch erheblich belastet ist, muß alles daran gesetzt werden, soviel Abwasser wie möglich im System zu halten. Von den Mischwasserüberläufen bei Starkregen werden die aufgestauten Alsterseen bisher besonders betroffen. Deshalb ist vor rd. 10 Jahren das Alsterentlastungskonzept aufgelegt worden, mit dem vor etwa 5 Jahren begonnen wurde.

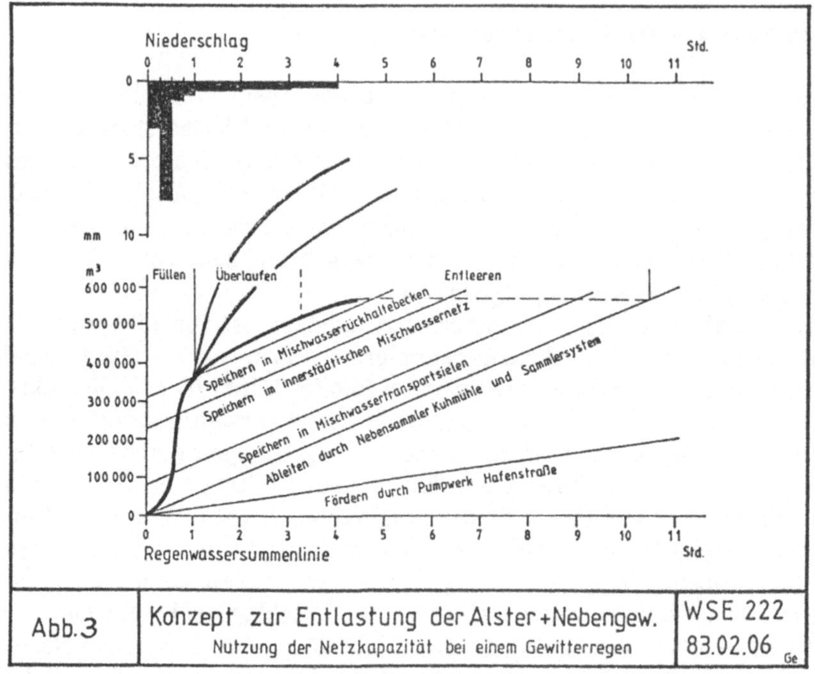

Abb.3 Konzept zur Entlastung der Alster+Nebengew.
Nutzung der Netzkapazität bei einem Gewitterregen

4. Die Abwasserreinigung in Hamburg

Die Abwässer der Stadt wurden bis vor 30 Jahren noch ungeklärt in die Vorfluter - im wesentlichen in die Elbe -eingeleitet. Nur am Stadtrand gab es schon vorher kleinere Kläranlagen.

In den dreißiger Jahren plante man, das Abwasser der Stadt im Umland landwirtschaftlich zu verwerten. Dazu kam es zum Glück nicht. Dieser Weg hätte keine Zukunft gehabt. Nach dem Krieg bestanden andere Prioritäten, so daß zentrale Großkläranlagen erst ab 1962 in Bau gehen konnten. Das Konzept,in den Außengebieten weitere kleinere Kläranlagen zu errichten, wurde nur teilweise verwirklicht. Schon bald erkannte man, daß kleine Kläranlagen störanfälliger blieben und ihre Leistungsfähigkeit nicht ausreichte, die Belastung der kleinen Vorfluter erheblich zu mindern. In Hamburg wurden deshalb die beiden Großkläranlagen Köhlbrandhöft (ca 2 Mio EGW) und Stellinger Moor (ca 300 000 EGW) beschleunigt ausgebaut und das Gesamtabwassernetz auf diese Anlagen ausgerichtet.

Da das Klärwerk Köhlbrandhöft auf einer Insel liegt und an Fläche nur 14 ha zur Verfügung standen, war eine Erweiterungsfläche vonnöten. Diese Fläche,ca 24 ha, konnte in 2 km Entfernung gefunden werden. Sie ist heute mit dem Klärwerk Dradenau bebaut. Das Klärwerk Köhlbrandhöft (1. biologische Stufe) und das Klärwerk Dradenau (2. biologische Stufe) werden im Verbund betrieben. Im Klärwerk Köhlbrandhöft werden die leichter abbaubaren Kohlenstoffverbindungen beseitigt, im Klärwerk Dradenau die Ammoniumverbindungen durch Nitrifikation und Denitrifikation abgebaut.

Das Klärwerk Dradenau ist 1989 nach 4-jähriger Bauzeit in Betrieb gegangen .

Die Baukosten beliefen sich auf rd. 370 Mio DM. Nach 4 Betriebsjahren des Klärwerksverbundes Köhlbrandhöft/Dradenau hat sich jetzt gezeigt, daß die Anlage sehr leistungsfähig ist. Bezogen auf alle sauerstoffzehrenden Substanzen beträgt der Reinigungsgrad etwa 98 %. Die mittlere Ablaufkonzentration hat sich beim BSB5 auf rd. 7, beim CSB auf rd. 60 mg/l eingestellt. Der NH_4- N Wert ist mit etwa 1,5 mg/l sehr günstig; der Gesamt-Phosphor - Wert bewegt sich um 1,1 mg/l.
Inzwischen konnten die kleineren Kläranlagen Zug um Zug stillgelegt werden. Nunmehr soll auch das erneuerungsbedürftige Klärwerk Stellinger Moor noch in diesem Jahrzehnt aufgegeben werden und das Abwasser zur Zentralanlage Köhlbrandhöft/Dradenau übergeleitet werden, da dort noch freie Kapazitäten vorhanden sind.
Je besser die Reinigung, desto mehr Klärschlamm wird produziert. Die Mengen waren 1992 auf 250 000 t/Jahr angestiegen. Dies war die Menge, die sich nach der Ausfaulung in den Faulbehältern mit einer anschließenden Zentrifugenentwässerung und einer Beimischung von gebranntem Kalk ergab. So aufbereitet, konnte der Klärschlamm in einer Deponie abgelagert werden. Das Material enthält dann aber immer noch mehr als 65 % Wasser. Um die Mengen entscheidend zu reduzieren, hat Hamburg für rd. 100 Mio DM eine Trocknungsanlage erstellt. Zur Trocknung wird das Klärgas eingesetzt, das früher verstromt wurde. Die Nutzung ist so jedoch effektiver. Jetzt sind jährlich noch etwa 80 000 t/Jahr abzulagern. Doch Deponieraum ist äußerst knapp. Durch eine Klärschlammverbrennungsanlage läßt sich diese Menge noch um zwei Drittel verringern. Die Entsorgungssicherheit gebietet es, auch diese Investition zu tätigen. In etwa 4 Jahren soll Hamburgs Klärschlamm verbrannt werden. Ggf. kann die Schlacke verglast werden.
Noch ein Blick auf die in den Hamburger Klärwerken behandelten Jahres-Abwassermengen :

Schmutzwasser	= ca	125 Mio m^3
Fremdwasser	= ca	20 Mio m^3
Regenwasser aus dem Mischsystem	= ca	28 Mio m^3
Jahres-Abwassermenge	= ca	173 Mio m^3

Aus den Mischkanalnetzen werden etwa 6 Mio m^3 jährlich abgeschlagen. Die Zahlen zeigen, daß der häufig beklagte Fremdwasserzufluß in Hamburg nur rd.12% der Jahres-Abwassermenge ausmacht. Auch die überlaufende Mischwassermenge ist mit rd. 4 % gering. Der finanzielle Aufwand, diese Menge vielleicht auf 2 % zu verringern, würde allerdings sehr groß sein.

5. Das Alsterentlastungskonzept

Das Alsterentlastungskonzept sieht zusätzliche, leistungsfähige Transportkanäle und Rückhaltebecken vor. Es hat zum Ziel, die Mischwasserüberläufe drastisch zu verringern. Die hierbei geschaffenen Transportkanäle bilden aber gleichzeitig auch die Ersatzvorflut für erneuerungsbedürftige Sammelleitungen des Altsystemsder inneren Stadt. Das Entlastungskonzept ist auf einen stufenweisen Ausbau ausgelegt. Das hat den großen Vorteil, daß man die letzten Stufen, die nur

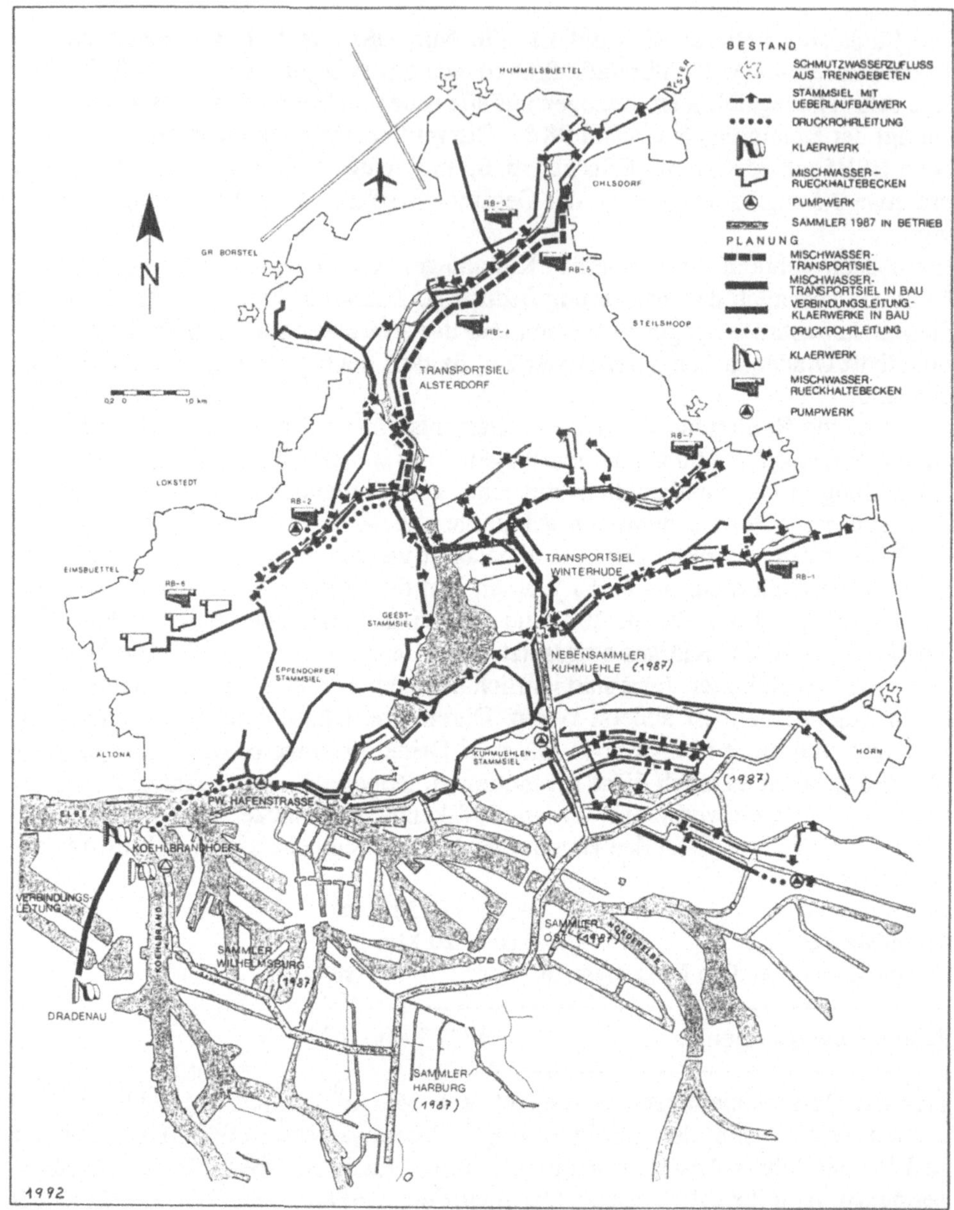

Abb. 4: Maßnahmen der 1. Ausbaustufe Alsterentlastungskonzept

noch geringe Entlastungen bewirken, zurückstellen kann. Der Erfolg der vorangegangenen Schritte wird dadurch nicht beeinträchtigt. Das Finanzvolumen ist natürlich gewaltig. Es ist heute auf etwa 2 Mrd DM abzuschätzen. Um dies finanzieren zu können, ist 1990 ein neues Finanzierungsinstrument geschaffen worden, ein sich über die Kanalbenutzungsgebühr selbst finanzierendes Sondervermögen. Trotzdem darf auch hier die kritische Abwägung : was ist noch vertretbar, was nicht, nicht außer Acht gelassen werden.

Um die positiven Auswirkungen auf die Gewässer in Relation zum Aufwand noch besser und objektiver beurteilen zu können, hat die Stadtentwässerung durch mehrere Wissenschaftler einen "Strukturplan Abwasserentsorgung und Gewässerschutz" erarbeiten lassen. Dieser Plan soll der Stadtentwässerung und den politischen Gremien als Entscheidungshilfe dienen. In diesem Strukturplan ist auch deutlich geworden - was schon immer vermutet wurde - daß es neben den zeitweiligen Mischwassereinleitungen der Stadtentwässerung noch mehrere andere, zum Teil sogar gewichtigere Belastungsquellen für die Binnengewässer Hamburgs gibt. Damit ist klargestellt, daß die Maßnahmen des Alsterentlastungskonzepts nur eine teilweise Verbesserung der Gewässergüte bewirken können. Zur Zeit sind deshalb auch nur die Objekte der 1. Ausbaustufe im Umfang von rd. 500 Mio DM für eine Realisierung vorgesehen. Die soll bis Ende dieses Jahrzehnts abgeschlossen sein. Die 1. Ausbaustufe umfaßt etwa 8 km Transportkanäle (Sammler) und 7 Mischwasser-Rückhaltebecken, die zusammen ein Speichervolumen von etwa 70 000 m^3 schaffen. Die Lage der Maßnahmen in der inneren Stadt ist aus Abb. 4 zu ersehen.

Daß die Überlaufereignisse im Laufe eines Jahres nicht allzu häufig sind, vermittelt Abb. 5.

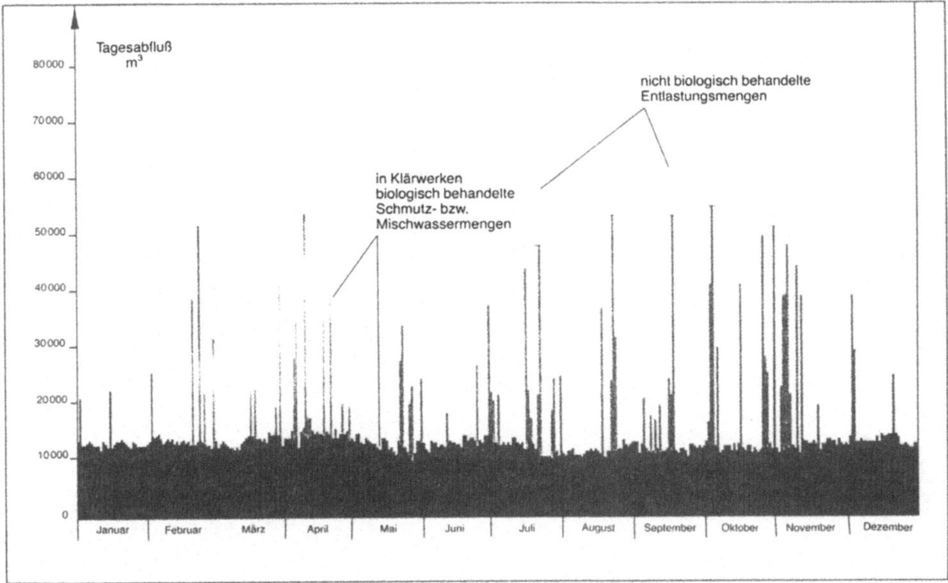

Abb.5 : Beispiel für die Abflußverteilung über ein – relativ regenreiches – Jahr bei Mischverfahren

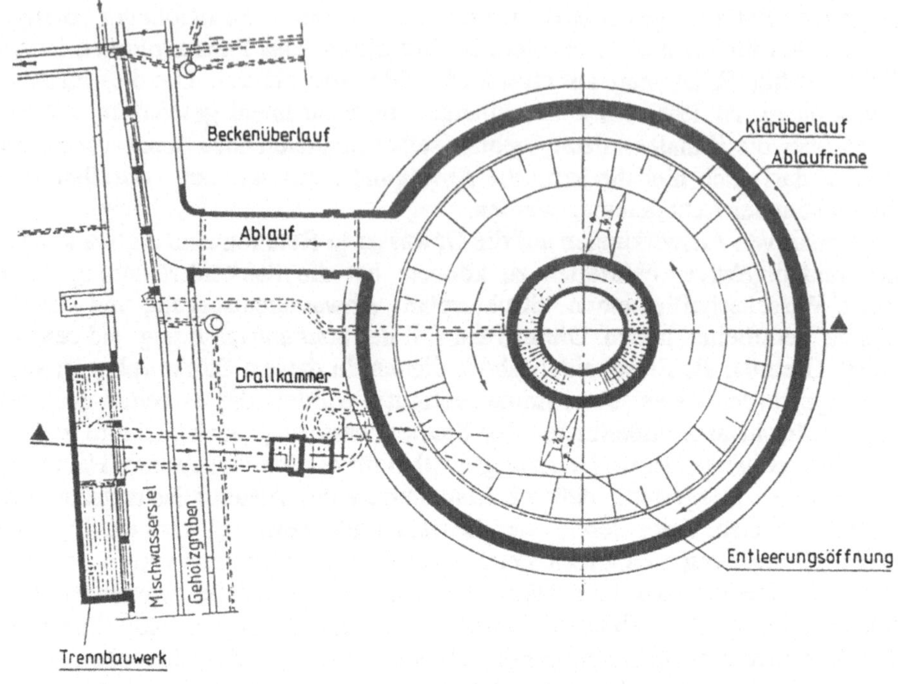

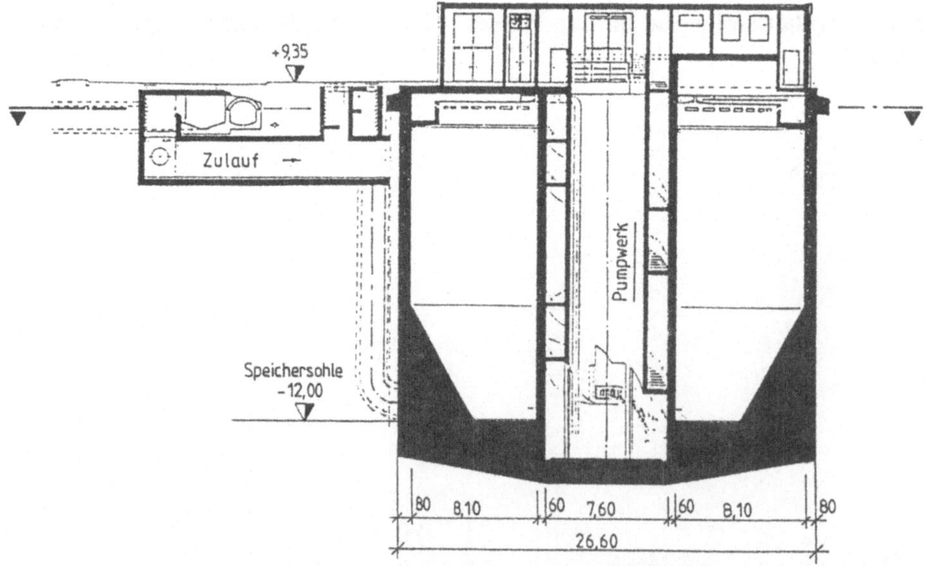

Abb. 6: Grundriß und Schnitt für das Mischwasserrückhaltebecken Schädlerstraße

Es wird hier besonders gut ablesbar, daß es eines hohen Aufwandes bedürfte, alle Abflußspitzen im System einzufangen. Das Bild zeigt jedoch auch, daß die Ableitung von Regenwasser zur Kläranlage besonders in großen Städten vorteilhaft ist. Die durch Regen abgeschwemmten Schadstoffe aus Verkehr und Luftbelastung werden damit zur Kläranlage geleitet und dort mit behandelt. Dieser Vorteil des Mischsystems soll in Hamburg erhalten bleiben.
Der Standardtyp eines Mischwasser-Rückhaltebeckens in Hamburg ist aus der Abb. 6 zu ersehen. Hier können etwa 7. 500 m^3 Mischwasser bei Regen solange zwischengespeichert werden, bis die Kläranlage wieder Kapazität frei hat. Derartige Becken werden je nach Lage im Einzugsgebiet etwa 5 bis 15 mal im Jahr beschickt, so daß im günstigsten Fall über 100 000 m^3 im System zurückgehalten werden können.

6. Die Kanalnetzsanierung

Schon aus der Altersstruktur des Kanalnetzes wird deutlich, daß zunehmend die Erneuerung bereits vorhandener Kanäle an Bedeutung gewinnt, siehe Abb. 7.
Die Analyse aus 1988 zeigt, daß fast 15 % des Kanalnetzes bereits älter sind als der in Hamburg angesetzte rechnerische Abschreibungszeitraum von 77 Jahren. Nun hat es auch in der Vergangenheit Kanalerneuerungen gegeben, so daß das Gesamtnetz noch durchaus in einem befriedigenden Zustand ist. In den letzten Jahren konnte und mußte jedoch die Kanalnetzerneuerung erheblich verstärkt werden. Der finanzielle Aufwand ist jetzt auf etwa 100 Mio DM/Jahr angewachsen, da zunehmend auch die teuren, großkalibrigen Kanäle der Innenstadt betroffen sind.

Abb. 7:

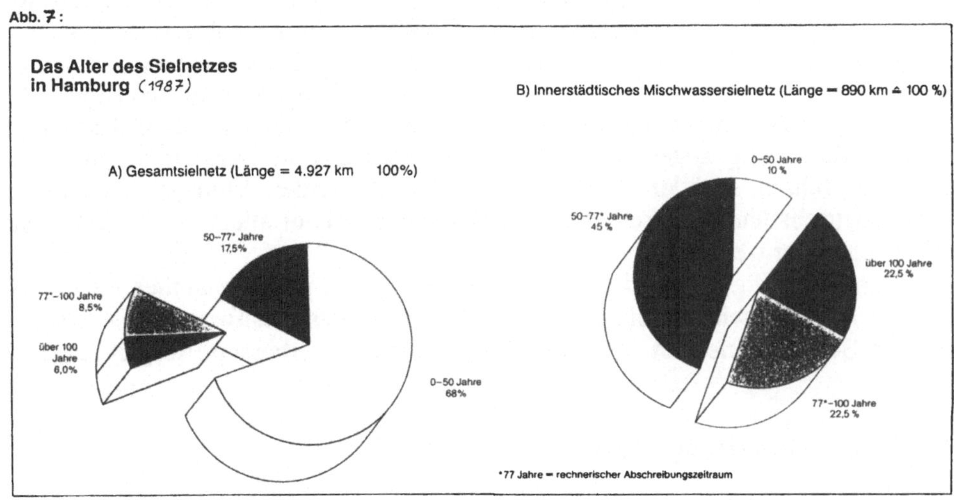

Mit zahlreichen Methoden wird versucht, die Kanalerneurung wirtschaftlich zu gestalten und vor allem die aufwendigen offenen Baugruben zu vermeiden. Auf diesem Gebiet konnten in den letzten Jahren bereits große Erfolge erzielt werden.

7. Organisation und Betriebsaufgaben

Das Amt für Stadtentwässerung ist wie folgt gegliedert :

Amt für Stadtentwässerung

- **Verwaltung**
  - Personal-angelegenh.
  - Organisation
  - Allg. Verwaltung
- **Planung und Finanzen**
  - Finanzplanung Betriebswirtschaft Datenverarbeitung
  - Generalplanung Grundsatzfragen
  - Ausführungspla-nung
- **Kanalnetz**
  - Kanalentwurf Kataster
  - Kanalbau
  - Kanalbetrieb
- **Klärwerke und Maschinen**
  - Verfahrenstechnik Entwurf
  - Ausführung
  - Klärwerksbetrieb
  - Abwasserchemie und Labor
- **Sonderbau-maßnahmen**
  - Entwurf und Ausschreibung, Vergabe
  - Bauausführung

Die Mitarbeiterzahl beläuft sich auf 1. 450 , wobei 750 im Kanalbetrieb , 350 im Klärwersbetrieb arbeiten. Die wichtigsten Funktionen im Kanalbetrieb umfassen : die Inspektion, die Wartung, die Instandhaltung und die Kanalreinigung. Das Amt für Stadtentwässerung ist zur Zeit Teil der Umweltbehörde. Vorgesehen ist jedoch, in 1994 eine Ausgliederung und Verselbständigung vorzunehmen. In Hamburg wird es für richtig angesehen, die Stadtentwässerung als Anstalt öffentlichen Rechts zu führen, nachdem man festgestellt hat, daß andere Modelle (GmbH-Lösung ; Betriebsführungsgesellschaft der Wasserwerke) vor allem aus steuerlichen erheblich teurer werden.
Die Verselbständigung hat den Vorteil, daß Ausgaben und Einnahmen einen geschlossenen Wirtschaftskreislauf bilden. Die Resultatsverantwortung ist ausgeprägter. Betriebswirtschaft und Controlling haben eine verbesserteAusgangslage.

8. Die Kanalbenutzungsgebühr

Das Ableiten und Reinigen von Abwasser kostet Geld. Bemessungsmaßstab ist auch in Hamburg der Frischwasserverbrauch. Die Gebühr beläuft sich ab 1994 auf über 4 DM je m^3. Die Gebühr hat sich in den letzten 10 Jahren mehr als verdoppelt; sie ist kostendeckend.

Wie setzen sich nun die Kosten zusammen ?
Die Kapitalkosten (Abschreibungen und Zinsen) machen rd. 56 % aus. Die Personalkosten belaufen sich auf rd. 16 %; die Betriebskosten auf rd. 28%. Hieraus wird deutlich, wie kapitalintensiv die Abwasserbeseitigung ist. Insgesamt wird die Höhe der Gebühr zur Zeit von Jahreskosten in Höhe von etwa 500 Mio DM bestimmt.

9. Ausblick

Die hohen Umweltanforderungen haben die Abwasserbeseitigungskosten in die Höhe schnellen lassen. Da zur Finanzierung durchweg Kredite aufgenommen werden, bleiben die hohen Belastungen lange Zeit erhalten. Sie belasten die Volkswirtschaft insgesamt. Da die Sanierung der bestehenden Altnetze zunehmend an Bedeutung gewinnt, entstehen auch hierfür große Finanzbedarfe. Es wird deshalb von Fall zu Fall abzuwägen sein, inwieweit die Ausbaupläne gestreckt werden müssen. Die zweckgebundenen Abwasserabgaben erleichtern in gewissem Umfang die Finanzierung.

Der Umbau des Emschersystems ist eine Herausforderung für die Region

Dr. Jochen Stemplewski

Die Emschergenossenschaft hat sich ein weitgestecktes, ja ehrgeiziges Ziel gesetzt: den kompletten Umbau des seit der Jahrhundertwende von ihr entwickelten und getragenen Emschersystems. Es freut mich, daß ich heute über das Vorhaben berichten darf.

Das Emschergebiet umfaßt rd. 870 km^2. In ihm leben ca. 2,5 Mio Menschen. Kennzeichen des Emschersystems ist es bisher, das Abwasser in der Emscher und ihren Nebenläufen offen abzuleiten und es schließlich zentral biologisch zu reinigen. Die ausklingenden Bergsenkungen lassen zukünftig ein anderes System zu. Das Umbaukonzept sieht Investitionen in Höhe von 8,6 Mrd. DM in einem Zeitraum von ca. 25 Jahren vor. Über 70 % sind für Abwassermaßnahmen aufzuwenden, die aus gesetzlichen Vorgaben folgen, und sind Nachholinvestitionen für bisher nicht gebaute geschlossene Abwasserkanäle. Die bisherigen "Schmutzwasserläufe" sollen dann mit Kosten von ca. 1 Mrd. DM weitgehend zurückgebaut werden zu landschaftsbelebenden und ökologisch funktionstüchtigen Gewässern.

Warum dieses Vorhaben?

<u>Das alte Emscher-System verliert mehr und mehr seine Grundlage!</u>

Die Emscher mit ihren Nebenläufen ist in ihrer Art ein einmaliges Gewässersystem. Auf der Gewässergütekarte fällt sie durch ihre kräftige rote Farbe ins Auge (Gewässergüteklasse IV). Dabei ist diese Einstufung auf der Grundlage des Saprobien-Systems eigentlich noch viel zu günstig. Denn tatsächlich ist die Emscher ein offener Abwasserkanal, der jenseits dieser Güteskala liegt (auch wenn sie wasserrechtlich wie ein Fluß behandelt wird).

Auf 1 m^3 des natürlichen Abflusses der Emscher kommen 6 m^3 Abwasser, im wesentlichen unbehandelt. Erst an der Mündung in den Rhein wird dieses Abwasser in einer Flußkläranlage biologisch gereinigt, nach einem Fließweg von bis zu 100 Kilometer. Das Klärwerk dort ist mit über 5 Mio Einwohnerwerten eines der größten in Europa.

Das Abwasser in großen Rohren unterirdisch über längere Strecken abzuleiten war, Jahrzehnte lang nicht möglich, weil der Steinkohlenabbau immer wieder an wechselnden Orten das Gelände absenkte, an manchen Stellen um über 20 m. Nur dieses unkonventionelle Verfahren, eben das Emscher-System, konnte eine geordnete Entwässerung und Abwasserbeseitigung bewirken und so die Existenz des Siedlungs- und Wirtschaftsraumes sichern. Ein Blick in die Geschichte: Am 14. Dezember 1899 trafen sich Vertreter der Kommunen, des Bergbaus und der Industrie des Emscher-Niederschlagsgebietes im Ständehaus in Bochum, um auf eine bedrohliche wasserwirtschaftliche und hygienische Entwicklung zu reagieren. Sie riefen die Emschergenossenschaft ins Leben - public-private-partnership - würde man heute sagen. Mangelhafte Abwasserbeseitigung -Ursache auch vieler mittelalterlicher Seuchen- hatte zu Typhus, Malaria, zu zahlreichen Todesfällen durch Cholera geführt. Was war die Ursache für den Entwässerungsnotstand?

Die Emscher ist von Hause aus ein träges Flachland-Flüßchen. 80 km lang. Der mittlere Niedrigwasserabfluß dürfte an der Mündung in den Rhein ursprünglich bei 2 bis 3 m^3/s gelegen haben. Für den Unterlauf der Emscher ab Essen stehen heute auf 20 km Länge nur noch 7 m Gefälle zur Verfügung, vergleichbar war die Situation zur damaligen Zeit. So war die Emscheraue zum Teil versumpft und unbewohnbar - noch heute kennt man den sogen. "Emscherbruch".

An solch einem Flüßchen hätte sich unter normalen Umständen niemals ein industrieller Ballungsraum entwickelt. Es ist nicht von ungefähr, daß alle bedeutenden Siedlungskerne an großen Strömen oder wenigstens an halbwegs schiffbaren Flüssen entstanden sind. Eine gesicherte Wasserversorgung als unabdingbare Voraussetzung und der Verkehrsweg Wasser als bedeutender ökonomischer Standortfaktor führten zur Vormachtstellung der Großstädte am Rhein. In der sumpfigen Emscherbruch-Landschaft im Norden des heutigen Ruhrgebietes fanden sich früher lediglich Ackerdörfer und einzelne Höfe. Durch den Steinkohlebergbau, die ihm folgende Schwerindustrie und die dadurch hervorgerufene sprunghafte Siedlungsentwicklung wurde die Situation vollkommen verändert. Man muß sich vergegenwärtigen, daß noch 1870 in diesem Raum nur um 300.000 Menschen lebten. Der Wasserbedarf der Industrie und der hier lebenden Menschen wuchs dann rapide. Die entstehenden Abwassermassen überstiegen das Selbstreinigungsvermögen der Emscher und ihrer Nebenläufe um ein Vielfaches, zumal noch keine technischen Reinigungsverfahren existierten. Zugleich ging das ohnehin geringe Gefälle der Wasserläufe durch die vom Bergbau hervorgerufenen Geländesenkungen an vielen Stellen verloren. Stinkende, sumpfige Tümpel prägten den Raum.

So schuf die Bildung der Emschergenossenschaft eine der zentralen infrastrukturellen Voraussetzungen. Und es war nicht zufällig, daß sich ein Gebilde wie die Emschergenossenschaft in diesem Raum entwickelte, oder, wie es in der Schrift "25 Jahre Emschergenossenschaft" von 1924 heißt: "Die Emschergenossenschaft als besondere Verwaltungsform des Ruhrgebietes". Die einzigartige Siedlungsgestalt des Ruhrgebietes - die Mega Stadt - brachte den Gedanken nach Zusammenfassung vieler wichtiger Gemeinschaftsaufgaben nahe - dies umso mehr, als die Entwicklung der Region quasi im Sturmlauf voranging, so daß man zu neuen, unkonventionellen und gemeinschaftlichen Lösungen griff".

Dieses Gemeinschaftsprinzip war ein ganz entscheidender Faktor für den Erfolg der Emschergenossenschaft wie der anderen Verbände bei ihrer Tätigkeit. So führte in der Gedenkschrift zum 25sten Geburtstag der Genossenschaft Reichskanzler Dr. Luther, zuvor Oberbürgermeister von Essen und langjähriger stellvertretender Vorsitzender der Emschergenossenschaft, aus - ich zitiere: "Wer im Ruhrgebiet gelebt hat, vermag sich überhaupt nicht vorzustellen, daß die Aufgaben der Abwasserbeseitigung und der Frischwasserversorgung dieser großen Gesamtsiedlung, die sich Ruhrgebiet nennt, auch anders gelöst werden könnten als durch die großen genossenschaftlichen Zusammenschlüsse, unter denen die Emschergenossenschaft Ruhm und Recht der Erstgeburt für sich in Anspruch nehmen darf." Auch wenn dies etwas pathetisch klingen mag, andererseits den Emscher-Knechten ein wenig gut tut, so trifft es den Kern: Denn dieser Kooperations-Gedanke ist auf andere Felder in der Region übergesprungen, die Wasser- und Energieversorgung etwa, und wie Luther meinte, "Den höchsten Punkt der Entwicklung, die mit der Emschergenossenschaft begonnen hat, stellt der Ruhrsiedlungsverband dar." Gerade der Siedlungsverband war Ausdruck der Erkenntnis und des Willens, die Entwicklung der Region gemeinsam auch planerisch voranzutreiben und die strukturpolitischen Probleme durch das Prinzip der Kooperation zu lösen.

Wenn wir einen Sprung durch die Geschichte in die heutige Situation hinein machen, so ist es nicht abwegig, davon zu sprechen, daß wir in einer Phase vergleichbar einschneidender Veränderungen, ja wirtschaftlicher und struktureller Umbrüche stehen, wie sie die Region zu Zeiten der Gründung der Emschergenossenschaft durchlebt hat. Die Nachrichten dieser Tage sprechen jedenfalls dafür. Die Emscher nahm und nimmt an dem Schicksal des Raumes teil; sie entwickelte sich seit Beginn des Jahrhunderts zum offenen Abwasser-Hauptsammler der industriellen Kernzone zwischen Ruhr und Lippe - und das wurde bis heute nicht verändert. Auch die Nebenläufe sind offene Abwasserkanäle. Dieses im Kern gute und intelligente System konnte zu Beginn des Jahrhunderts in wenigen Jahren ausgeführt werden und beseitigte schlagartig die früheren Entwässerungsnotstände. Aber die Verhältnisse haben sich seitdem in mehrfacher Hinsicht geändert:

- 1.) Der Steinkohlenbergbau wandert inzwischen über das Emschergebiet hinaus nach Norden zur Lippe, das Gelände sinkt nicht weiter ab, für die offene Abwasserableitung besteht insoweit nach und nach kein Grund mehr.

2.) Zum anderen sind die Anforderungen an die Reinigung der Abwässer sehr stark gestiegen. Das geschah zwar in erster Linie mit Blick auf die Nordsee. Die verlangten Klärleistungen sind aber so hoch, daß jetzt auch die dezentrale Behandlung vor Ort im Emschergebiet sinnvoll wird, weil die Auswirkungen im Fluß sichtbar und spürbar werden.

3.) Die Menschen sind immer weniger bereit, die Belastungen des Emschersystems in Kauf zu nehmen, insbesondere die Belästigungen, die sich aus Geruchsemissionen ergeben, aber auch solche, die von der Optik des Systems herrühren. Das ist nicht zuletzt dadurch begründet, daß die früheren Lebens- und Arbeitszusammenhänge, die durch Bergbau und Schwerindustrie geprägt waren, immer weniger Haltungen und Einstellungen bestimmen.

In diesen Kontext gehört es, daß die Landesregierung den Willen bekundet hat, das Emschergebiet ökonomisch und ökologisch umzubauen und aufzuwerten. Dazu wurde ein Instrument geschaffen, die Internationale Bauausstellung Emscherpark, die diese Aufgabe mit Energie und Ideenreichtum angefaßt hat. Hauptaufgabe bei der Erneuerung der Emscherregion ist die Beseitigung städtebaulicher, infrastruktureller und ökologischer Defizite als Grundlage einer neuen ökonomischen Entwicklung. Mit dem in der deutschen Baugeschichte traditionsreichen Instrument der "Internationalen Bauausstellung" soll diese Aufgabe fachlich und politisch vorangebracht werden. Ministerpräsident Rau hat dazu gesagt: "Ein Ziel, fast schon eine Vision ist, daß das Ruhrgebiet die grünste Industrieregion Europas wird. Eine außergewöhnliche, bisherige Dimensionen überschreitende Herausforderung ist dabei die ökologische und ökonomische Erneuerung im Nordbereich des Ruhrgebietes, im Emscherraum." Damit sollen also die weitsichtigen Ideen aus der Gründungszeit des Siedlungsverbandes Ruhrkohlenbezirk aufgegriffen werden, die vorhandene Landschaft wirkungsvoller geschützt und darüber hinaus wiederaufgebaut werden, damit auch Unternehmen ermuntert sind, sich neu zu orientieren. Strukturpolitik, Städtebau sollen dazu Anstöße geben.

Diese Werkstatt zur Erneuerung der Emscherregion umfaßt sieben zentrale Arbeitsfelder - Leitprojekte genannt - , an denen derzeit gearbeitet wird, darunter das Leitprojekt "Emscher-Landschaftspark". (Dabei geht es um die Verbindung der vorhandenen Wald-, Grün- und Freiflächen der Region zu einem durchgängigen Park mit Rad- und Wanderwegen.) oder das Leitprojekt "Kanäle als Erlebnisräume" (Besonders entlang des Rhein-Herne-Kanals soll ein neuer Erlebnisraum für die Menschen entstehen.).

Mit diesen Ansätzen für ein neues Bild von der Emscherregion der Zukunft wäre die Vorstellung von einer weiterhin schwarzen Emscher nicht vereinbar. Deshalb gehört es zu der Neuordnung des Emschergebietes mit dazu, daß das Emschersystem selbst umgebaut wird - das ist unabdingbar und deshalb eines der 7 IBA-Leitprojekte. Und insofern ist es Teil dieses Strukturwandels, daß ein zukunftsweisender, das ganze Emschergebiet überdeckender Gesamtplan für die Umgestaltung der Gewässer und der Abwasserreinigung entwickelt wurde, ein Rahmenkonzept, das in seiner Bedeutung und tiefgreifenden Wirkung sicher vergleichbar ist mit dem "Entwurf zur Regelung der Vorflut und zur Abwässerreinigung im Emschergebiet" aus dem Jahre 1905 von Baurat Middeldorf, dem ersten Baudirektor der Emschergenossenschaft.

Strukturpolitik trifft hier aber auch mit Umweltpolitik, mit der Umsetzung verschärfter Anforderungen, insbesondere an die Abwasserreinigung, zusammen.

Die Abwassertechnik soll und muß zukünftig auch in diesem Raum noch mehr leisten!

Um die neuen Mindestanforderungen einzuhalten, müßte die Klärwerksfläche an der Emschermündung mehr als verdoppelt werden. Für eine solche Nachrüstung steht keine Gelände zur Verfügung - sonst müßte halb Dinslaken planiert werden! Künftig sollen deshalb im Klärwerk Emschermündung nur noch die Abwässer eines engeren Einzugsgebietes geklärt werden. An weiteren fünf dezentralen Standorten werden neue biologische (Gebiets-) Kläranlagen erstellt. Die Bauarbeiten laufen. Das geklärte Abwasser wird im Endzustand unmittelbar in die Emscher eingeleitet; Nebenläufe bleiben dann abwasserfrei. Überschlägige Berechnungen zeigen, daß sich in der Emscher trotz der nur mäßigen Verdünnung mit Flußwasser die Güteklasse II bis III einstellen kann.

Der Bau der Kläranlagen als Anpassung an die neuen Bundesvorschriften zur Abwasserbehandlung wird allein schon Investitionen von 2,2 Mrd. DM erfordern.

Zusätzlich sind rd. 4 Mrd. DM aufzubringen, um künftig das Abwasser den dezentralen Kläranlagen in geschlossenen Rohren zuzuleiten. Im Gegensatz zu den auf neue Forderungen ausgerichteten Kläranlagen sind die Kanäle gewissermaßen Nachholinvestitionen. Die ständigen Bergsenkungen ließen den Bau großer und langer Hauptsammler bisher nicht zu. Etwa 400 km Kanäle müssen jetzt im wesentlichen parallel zu den Wasserläufen verlegt werden, um diese vom Abwasser zu befreien. Auch mit den Kanalbauarbeiten wurde bereits begonnen.

Viele der Strecken mit Durchmessern bis zu mehreren Metern sind als Tunnel im unterirdischen Vortrieb z.T. 20 m unter dicht besiedeltem Gebiet auszubauen. Vom Anfallort bis zur jeweiligen Kläranlage legt das Abwasser künftig nur noch höchstens 25 km zurück.

Schwierigkeiten bereitet dabei das Regenwasser.

Denn der Regenwasserabfluß muß vom Hundertfachen auf das Zweifache des normalen Schmutzwasserabflusses gedrosselt werden. Mehr können biologische Kläranlagen bisher nicht verarbeiten.

Das Regenwasserproblem wird hierdurch bewußt!

Wohin mit dem übrigen Regenwasser? Wollte man alles in den Kanälen oder in Becken zurückhalten, um es jeweils nach Regenende den Kläranlagen zuzuleiten, brauchte man gewaltige Rückhalteräume - riesige Betonbauwerke für viel Geld. Ein großer Teil dieses Wassers ist aber nur sehr gering verschmutzt. In den Kläranlagen wäre es fehl am Platze. Nur der Teil des Regenwassers sollte ihnen zugeführt werden, der einer biologischen Reinigung bedarf. Deshalb sollen Kanalstauräume oder Regenüberlaufbecken zunächst lediglich mit begrenztem Volumen bemessen werden. Was sie nicht fassen, wird vorerst ohne weitere Behandlung in die Emscher und ihre Nebenläufe abgeschlagen, wobei deren "schwache" Oberlaufstrecken allerdings nicht belastet werden sollen.

Alle Bemühungen müssen zunächst einmal darauf gerichtet werden, den Regenzufluß der Kanäle zu vermindern. Wir müssen damit aufhören, immer noch mehr Flächen zu versiegeln und alles in bebauten Bereichen fallende Niederschlagswasser so schnell und so gründlich wie möglich abzuleiten. Vielmehr müssen die Rückhaltung innerhalb der Siedlungsgebiete in Mulden, Tonnen und Gräben und die Versikkerung vor Ort verbessert werden. Für den Umbau des Emscher-Systems ist eine solche Neuorientierung sehr wichtig - wegen des ökonomischen und ökologischen Effekts. Deshalb fördert die Emschergenossenschaft das Umdenken bei ihren kommunalen Mitgliedern durch die Planung von Pilotprojekten und Arbeitshilfen.

Ungedrosselt abfließendes Regenwasser erzeugt zudem Hochwasserabflüsse, die für den eng besiedelten Industrieraum eine latente Gefahr sind. Zur Verhütung von Hochwasserschäden sind heute weite Strecken der Emscher und ihre Nebenläufe eingedeicht. Aber nicht nur der Anstieg des Wasserspiegels wegen der immer noch wachsenden Versiegelung des zu 60 % bebauten Emschergebietes verlangte den Bau und die ständige Erhöhung der Deiche. Es war in stärkerem Maße noch der untertägige Kohleabbau, weil er das Gelände absinken ließ. Über die entstandenen weiträumigen Senkungsmulden führen Deiche die Gewässer streckenweise wie Aquädukte hinweg. Fast 40 % des Emschergebietes sind Polder, die durch mehr als 90 Pumpwerke ständig entwässert werden.

Versickertes Regenwasser hingegen vermindert die Hochwassergefahr und bringt über die Anreicherung des Grundwassers zeitlich verzögert mehr Reinwasser in Trockenzeiten in die Gewässer.

Die Wasserläufe können dann nicht Abwasserrinnen bleiben!

Es versteht sich, daß nach Herausnahme des Abwassers auch die seinetwegen erforderlichen technischen Elemente (insbesondere die Betonsohlschalen) zurückgebaut werden müssen. Heute sind die "Schmutzwasserläufe" Barrieren in der Landschaft, Meideräume. Aber im Gegensatz zu manch anderer Stadtregion sind hier die Bäche nicht endgültig in die Kanalisation einbezogen worden. Sie können in einer an landschaftlichen Schönheiten nicht reichen Industrieregion wieder belebende Landschaftselemente und für die Bevölkerung Erholungs- und Erlebnisräume werden. Die verlorengegangenen Funktionen naturnaher Fließgewässer sollen bei dieser Umgestaltung wiederhergestellt werden, soweit dies in einer Industrieregion möglich ist.

Entsprechend den ganz unterschiedlichen Bedingungen im Emschergebiet wurden verschiedene Zieltypen als Vorgaben für die Umgestaltung entwickelt. Dabei wurden alle Nebenläufe betrachtet, die Emscher selbst aber einstweilen noch weitgehend zurückgestellt.

Die Spanne reicht von einer naturnahen Gestaltung bis hin zu einer dem städtischen-industriellen Umfeld entsprechenden mehr urbanen Ausformung. In solchen Fällen bilden aber auch ökologische Mindestanforderungen Vorgaben für die Querschnittsgestaltung.

Bei all dem stellt sich für manchen die Frage:

Ist der Umbau des Emscher-Systems nicht eine gigantische Utopie? Der Umbau mit Investitionen von mehr als 8 Mrd. DM ist sicher ein einzigartiges siedlungswasserwirtschaftliches Projekt. Ein altes System, das fast 100 Jahre gute Dienste getan hat, das allgemein auch wegen seiner Wirtschaftlichkeit akzeptiert wurde, soll erneuert werden. Die einen sehen das als einen erforderlichen zukunftsorientierten Schritt an - andere argwöhnen, hier werde aus ökologischer Schwärmerei eine überzogene, teure Großmaßnahme in die Wege geleitet. Bei näherem Hinsehen erkennt man zunächst, daß es nicht ein geschlossenes Projekt ist, das erst Nutzen bringt, wenn es vielleicht in 25 Jahren zu einem vorläufigen Ende gebracht wurde. Es besteht nicht die Gefahr, daß das Vorhaben als Investitonsruine endet, denn es gliedert sich in Einzelteile, deren Realisierung jeweils für sich schon einen Gewinn bringt. Die Schritte auf diesem Weg müssen aber jetzt konsequent getan werden, denn der Umbau ist auf Dauer unausweichlich:

1. Die geschilderten Abwasserbehandlungsmaßnahmen, die 5 neuen dezentralen Kläranlagen, ergeben sich aus bundesgesetzlichen Forderungen. Werden sie nicht realisiert, müssen gewaltige Abwasserabgabe-Zahlungen (im Extrem von mehr als 180 Mio DM im Jahr) geleistet werden.

2. Der Ausbau der Infrastruktur für die Abwasserentsorgung ist eine zwingende Voraussetzung für die Gebietsentwicklung. Neue Gewerbeansiedlungen und Erweiterungen ebenso wie neue Baugebiete werden im Emschergebiet planungsrechtlich nur genehmigt, wenn auch insoweit die Erschließung gesichert ist.

3. Der Bau von Abwasserkanälen mit der durchgehend geschlossenen Ableitung von Abwasser holt das nach, was auch sonst Regel der Technik ist, verbannt Abwasser unter die Erde und beseitigt 350 km Kloake in einem Ballungsraum.

   Auch wenn die Abwasserkosten derzeit noch unter dem Landesdurchschnitt liegen, so kann das gewaltige Volumen doch nicht allein über Gebührensteigerung finanziert werden. Unterstützung des Landes ist unabdingbar und auch in Aussicht gestellt.

4. Der Rückbau der Schmutzwasserläufe vom Abwasserkanal zum Fließgewässer ist nicht nur eine Art Konversion überkommener Abwasserelemente. Eine Region ohne halbwegs intakte Gewässer ist in vielerlei Hinsicht unattraktiv. (weicher Standortfaktor)

5. Ein neues Denken beim Umgang mit dem Regenwasser ist sowohl aus siedlungswasserwirtschaftlichen wie aus städtebaulichen und ökologischen Gründen erforderlich.

   Ohne den Umbau des Emscher-Systems wird sich ein Strukturwandel und eine ökonomische Aufwertung des Emscherraumes nicht erreichen lassen. Deshalb wollen wir unser Vorhaben mit Augenmaß und langem Atem weiter vorantreiben.

Das Kanalisierungskonzept Schwerte Teilhoheitsmodell

Dipl.-Ingenieur Rolf Rehling - Stadtentwässerung Schwerte GmbH

Warum Stadtentwässerung ?

Die ordnungsgemäße Stadtentwässerung und die damit verbundenen Auflagen sind keine ordnungsbehördliche Willkür, sondern hygienische Notwendikeit. Die Diskussion in den letzten Jahren über Gefahren, die durch überalterte und schadhafte Kanalisationsnetze ausgehen, machen deutlich, wie notwendig eine ordnungsgemäße und technisch einwandfreie Ausführung und Reinigung von Abwässern für einen aktiven Grundwasser-, Gewässer- und Gesundheitsschutz ist.

Gerade in Schwerte, einem der bedeutesten Trinkwassergewinnungsgebiete im Ruhrtal wird dies besonders deutlich. Die Tatsache, daß die Fläche der Stadt Schwerte zu ca. 99 % innerhalb der Wasserschutzzonen liegt, und die Dortmunder Stadtwerke im Ruhrtal für ungefähr 700.000 Menschen Trinkwasser produzieren, erfordert hohe Anforderungen an die Stadtentwässerung.

Bei allem Verständnis auf den riesigen Investitionsbedarf in den neuen Bundesländern, darf nicht vergessen oder übersehen werden, daß auch in den alten Bundesländern die vorhandenen Infrastruktureinrichtungen erneuerungs- oder sanierungsbedürftig sind. Besonders im Bereich der Siedlungswasserwirtschaft stehen die Städte und Gemeinden vor riesigen Herausforderungen. Die zu erledigenden Aufgaben grenzen jedoch, auch in den alten Bundesländern, oft an die Leistungsfähigkeit, sowohl in der personellen als auch in der finanziellen Umsetzung.

Die Abwasserbeseitigungspflicht der Städte und Gemeinden ist durch die Novellierung des Wassserhaushaltsgesetzes (WHG) in Verbindung mit dem Landeswassergesetz NW (LWG) und dem Abwasserabgabengesetz (AbwAG) noch stärker herausgestellt worden.

Nach § 53 (1) LWG NW haben die Gemeinden das auf ihrem Gebiet anfallende Abwasser zu beseitigen und die dazu notwendigen Anlagen (Abwasseranlagen) zu betreiben, soweit nicht andere zur Abwasserbeseitigung verpflichtet sind.

Für die Aufgabe der Reinigung der Abwässer hat die Stadt Schwerte die Mitgliedschaft beim Ruhrverband erhalten, sodaß der Ruhrverband in Essen als verpflichteter Träger die Aufgabe der Abwasserreingung übernommen hat.

Obwohl also "nur noch" die Aufgaben der Sammlung und Fortleitung bei der Stadt Schwerte verbleiben, hat die Stadtentwässerung Schwerte ein mannigfaltiges Aufgabengebiet zu bewältigen und dessen Umsetzung zu garantieren.

Tabelle 1 : Aufgaben der Stadtentwässerung Schwerte

I. Management und Administration

I. 1 Projektsteuerung, Betriebsführung
I. 2 Stadtentwicklung-, Bauleitplanung
I. 3 Bauordnungsverfahren
a. Innere Erschließung und Abnahme
b. Äußere Erschließung
I. 4 Entwässerungstechnische Beratung
I. 5 Zuschußwesen (Zuschußanträge usw.)
I. 6 Abwasserabgabe (Ruhrverband, LWA)
I. 7 Gebührenrechnung (techn. Vorbereitung)
I. 8 Wasserrechtliche Verfahren
I. 9 Gesamtplanung und Fortschreibung
(GEP + ABK)
I. 10 Investitionsplanung, Finanzplan
I. 11 Kanaltrassensicherung, Grunddienstbarkeit
I. 12 Kostenschätzung, KDVZ
I. 13 Sanierungskonzept (Prioritätenliste, Verfahren)
I. 14 Abrechnung (Eigen-, Fremdleistung für oder von Dritten)
I. 15 Sekretariat
I. 16 Einkauf
I. 17 Buchhaltung
I. 18 Personal
I. 19 Telefon
I. 20 Öffentlichkeitsarbeit
I. 21 Politik und Verwaltung
I. 22 Verschiedenes

II. Objektplanung

II. 1 Ausbauplanung (Entwurf, Berechnung, Konstruktion, Verfahrenstechnik)
II. 2 Sondergutachten (Bodengutachten, Gefährdungsabschätzung etc.) (Fremdkosten i.d. Investitionsmaßnahmen)
II. 3 Vorbereitung der Bauausführung
II. 4 Ausschreibung und Vergabe (VOB gerecht)

III. Örtliche Bauüberwachung

III. 1 Bauleitung für Neubau, Instandsetzung und Sanierung
III. 2 Kanalinstandsetzungen, Kanalsanierung

IV. Leistung des Betriebes

IV. 1 Kanaluntersuchung (TV-Inspektion und Auswertung)
IV. 2 Kanalreinigung (einschl. Straßeneinläufe, Schächte etc.)
IV. 3 Wartung, Reparatur

V. sonstige Leistungen

V. 1 Kanalbestandspläne für Neubauten
V. 2 Kanalkataster, Kanalkatasterauskünfte, Kanaldatenbank
V. 3 Abscheidekataster
V. 4 Indirekteinleiter (Kontrolle, Überwachung, Dokumentation)
V. 5 Fehleinleiterkontrolle, Anschlußzwang
V. 6 Kleinkläranlagen
V. 7 Bearbeitung von Schadensfällen und Haftpflichtschäden

Situation der Stadtentwässerung Schwerte vor der Gründung der SEG

In der Stadt Schwerte wurde das Sammeln und Fortleiten der Abwässer durch das Amt für öffentliche Einrichtungen ("Bauhof") in der Rechtsform des Regiebetriebes unter der Führung des städtischen Tiefbauamtes durchgeführt. Die Reinigung der Abwässer erfolgte wie bereits gesagt durch den Ruhrverband in Essen. Das Schwerter Kanalnetz umfaßt zur Zeit eine Gesamtlänge von 212 km, von denen etwa die Hälfte als Mischwasserkanäle und die andere Hälfte im Trennsystem als Regen- bzw. Schmutzwasserkanäle betrieben werden. Der historische Anschaffungswert liegt bei rund 59 Mio. DM, während der Wiederbeschaffungswert mit rund 129 Mio. DM (Basis 1992) geschätzt wird.

Bei der Vielzahl der Arbeiten ergaben sich im Bereich der Stadtentwässerung große Defizite.

Tabelle 2a: Defizite in der Stadtentwässerung (Kanalunterhaltung)

Aufgabe	Erfüllungsgrad %
TV-Untersuchung	rd. 30 %
Spülaufgaben und Kontrollen	rd. 70 %
Fehleinleitungen und Anschlußzwang	rd. 30 %
Wartung der technischen Einrichtungen (Schieber, Düker etc.)	rd. 50 %
Pflege des Kanalkatasters	rd. 40 %
Vermögensbewertung	rd. 80 %
Überwachung der Abscheider	rd. 70 %
Indirekteinleiter	0 %
Kanaltrassensicherung	rd. 40 %

Neben den Defiziten im Teilbereich Betrieb und Unterhaltung, erkannte man auch im Kanalneubau, daß die Aufgabenerledigung durch das Tiefbauamt der Stadt den gestellten Aufgaben nicht genügen konnte.

So hat der Rat der Stadt Schwerte im Jahre 1989 sein Abwasserbeseitigungskonzept, in Erfüllung der gesetzlichen Vorschriften (s.a. § 53(1) LWG) und Verwaltungsvorschrift über den Mindestinhalt der Abwasserbeseitigungskonzepte der Gemeinden und die Form über Darstellung, Runderlaß vom 02.10.1984 (MBL. NWS. 1597/SM Bl NW 770) und der besonderen Verantwortung für den Umweltschutz, novelliert. Dieses neue Konzept wurde von den Aufsichtsbehörden akzeptiert und als verbindlicher Handlungsrahmen für den Bereich der Abwasserbeseitigung für Rat und Verwaltung eingeführt. Das die gesetzten Ziele mit einer investieven Umsetzung von jährlich rund 8 Mio. DM nicht umgesetzt wurden veranschaulicht Tabelle 2 b.

Tabelle 2 b: Defizite in der Stadtentwässerung (Kanalneubau)

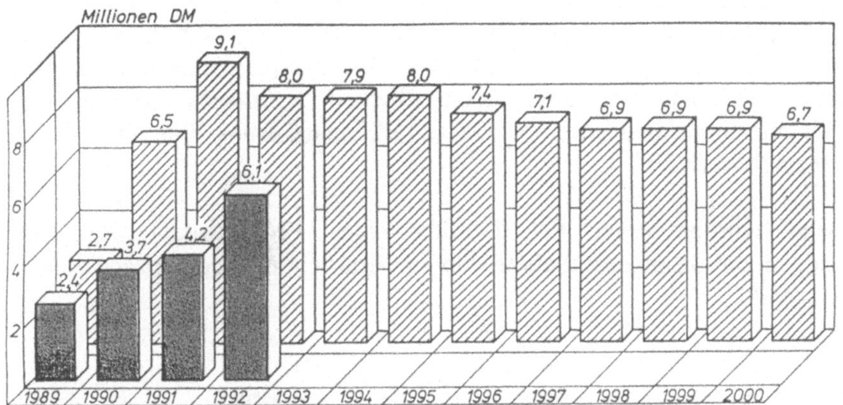

Ursachen für die Vollzugsdefizite

1) <u>Personalsituation im öffentlichen Dienst</u>
   - BAT
   - fehlende Anreize
   - nicht leistungsorientiert

2) <u>Umsetzung der Aufgaben der Stadtentwässerung als Regiebetrieb</u>
   - Vielzahl von Ämtern
   - Vielzahl von Ausschüssen
   - Fehlende Identifikation durch Teilaufgabe
   - Viele zuständig - keiner verantwortlich
   - Kein faßbares Betriebsergebnis
   - Keine Aussagen über Erfolg - Mißerfolg
   - Starre Regelungen der Vergabeordnungen
   - Mangelnde Flexibilität
   - Nichtausgeschöpfte Kreativitätspotentiale der Mitarbeiter
   - Denken in Kategorien der Rechenschaftsablegung
   - Denken und Handeln nur in der Defensive.

Da all die Defizitursachen innerhalb der Stadtverwaltung nur schleppend, eventuell gar nicht lösbar schienen, wurden andere externe Alternativen gesucht.

Vor dem Hintergrund dieser prekären "Abwassersituation" fand Anfang 1990 ein erstes Gespräch mit Vertretern des Initiativkreises Ruhrgebiet statt.

Aufgabe und Ziel des Initiativkreises ist, durch neue Konzepte, innovative Ideen und impulsgebende Aktivitäten den Strukturwandel des Ruhrgebietes zu begleiten.

Der Kreis ,der an den Gesprächen Beteiligten, erweiterte sich dann neben den Vertretern des Initiativkreises und der Stadt auf Mitarbeiter von namhaften Baufirmen, Banken und Ingenieurbüros. Am 16.11.1990 wurde erstmals konkret eine Vereinbarung "Kooperation Stadtentwässerung Schwerte" unterzeichnet. Die Beteiligten hofften auf der Basis vorliegender Informationen und der rechtlichen, finanziellen und wirtschaftlichen Rahmenbedingungen die Möglichkeit einer Zusammenarbeit bzgl. Planung, Finanzierung, Bau und Betrieb gemeinsam zu entwickeln.

Abschließend wurden unter der Leitung eines Projektausschusses fünf Arbeitsgruppen zur Bestandsaufnahme und zur Erarbeitung von Entscheidungsgrundlagen gebildet.

Die einzelnen Arbeitsgruppen hatten folgende Arbeitstitel:

Arbeitsgruppe 1 : Bauwerksbewertung und Kostenschätzung

Arbeitsgruppe 2: Betriebs - und Unterhaltungsmodelle

Arbeitsgruppe 3: Finanzierungsmodelle

Arbeitsgruppe 4: Gebührenkalkulation und Wirtschaftlichkeitsnachweis

Arbeitsgruppe 5: Entwicklung des Kooperationsmodells und Untersuchung von Betriebsformen

Es wurden verschiedene Betriebsformen schwerpunktmäßig untersucht.

Dies waren:

I. Selbständiger Eigenbetrieb

II. Übertragung der Stadtentwässerung auf die Stadtwerke Schwerte GmbH

III. Durchführung der Abwasserbeseitigung in der Rechtsform der kommunalen GmbH

IV. Verschiedene Kooperationsmodelle

Im Spätsommer 1991 schlossen die Arbeitsgruppen ihre Tätigkeit ab. Ende des Jahres 1991 gab es zwei verschiedene Vorstellungen über ein mögliches Kooperationsmodell.

Das von den privaten Unternehmen vorgeschlagene Modell sah die Aufteilung in eine Besitzgesellschaft (Stadt Schwerte mit 51 % und die Privatunternehmen mit 49%) und eine Betriebsgesellschaft (100% Privatunternehmen) vor.

Kooperationsmodell Stadtentwässerung Schwerte
Modellvorschlag der Privatunternehmen

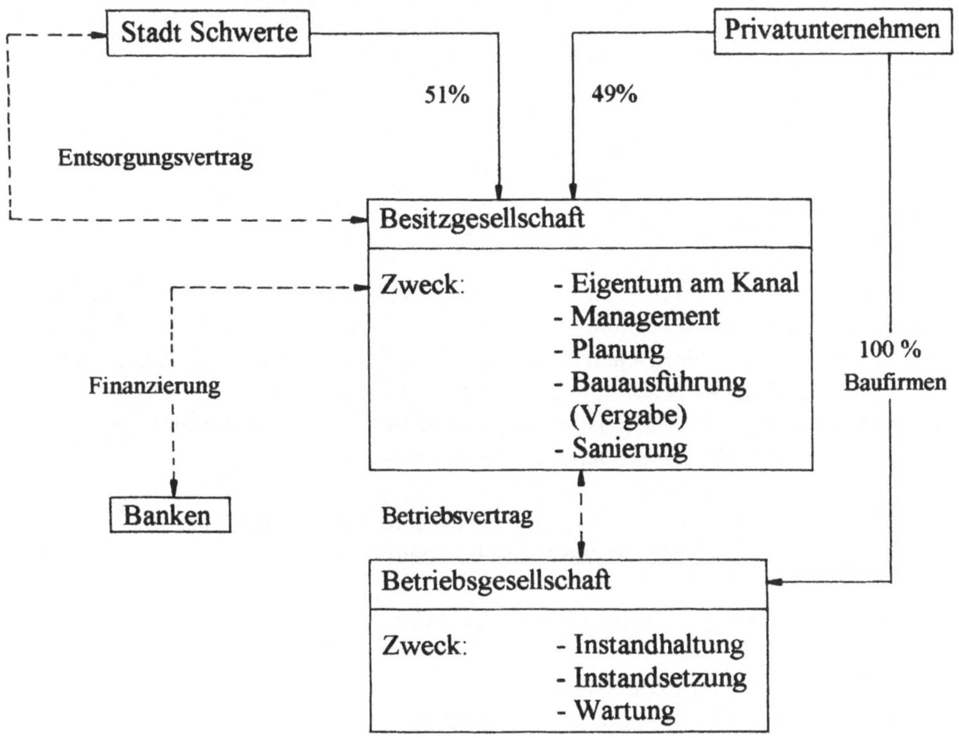

Kooperationsmodell Stadtentwässerung Schwerte
Modellvorschlag der Stadt Schwerte

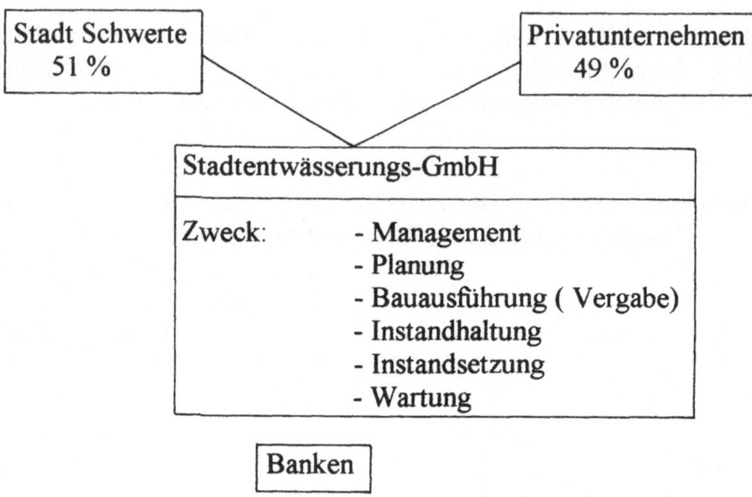

Nach Abwägung der Vor- und Nachteile, der Chancen und Risiken der möglichen Organisationsformen erschien allen Teilnehmern der Arbeitsgemeinschaft die Gründung einer Entwässerungs GmbH mit 51 % Anteil Stadt und 49 % Anteil privater Bauunternehmen und Banken im Hinblick auf eine Gesamtoptimierung des Dienstleistungsbereiches Abwasserbeseitigung zur Lösung der anstehenden Aufgaben am besten geeignet.

Die Aufgaben dieser Entwässerungs GmbH als Kooperationsmodell sollten die gesamten Paletten der Stadtentwässerung beinhalten.

Gesehene Vorteile der Entwässerungs GmbH :

- flexiblere Unternehmensführung
- Bereitstellung notwendiger Personalkapazitäten auf Zeit
- Schnellere Umsetzung des Abwasserbeseitigungskonzeptes
- Abbau der Vollzugsdefizite
- Leistungsanreize für Geschäftsführung und Mitarbeiter
- Trennung von Dienstleistung und Kontrolle
- Ausschöpfung privatwirtschaftlicher Effizensvorteile
- flexibler Personaleinsatz

Kooperationsmodell Stadtentwässerung Schwerte
Gewählte Modellform

Abwasserentsorgung der Stadt Schwerte

Kooperationsmodell

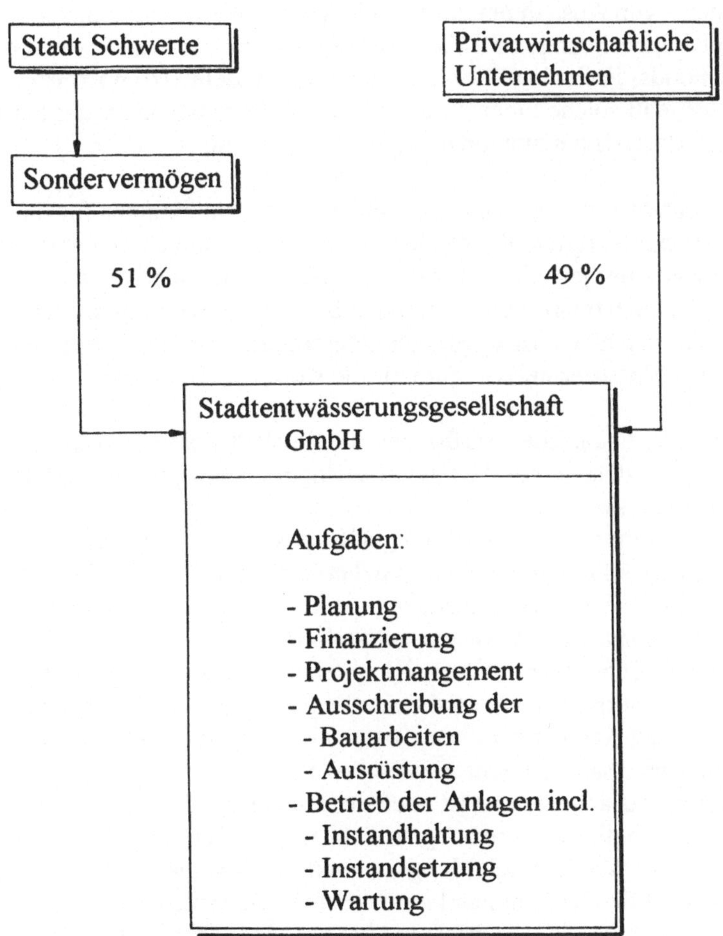

Da es jedoch auch Nachteile im klassischen Kooperationsmodell gibt, wurde weiterhin versucht, diese auszuräumen und die Weiterentwicklung zum " Schwerter Entwässerungsmodell" zu führen.

Folgende Punkte und Überlegungen führten dann letztendlich zum Ziel:

1. Unbestreitbar ist, daß im Vergleich der verschiedenen Finanzierungsformen für öffentliche Investitionen die Konditionen für Kommunaldarlehn - von Ausnahmen im Einzelfall abgesehen - unschlagbar sind. Vergleichsrechnungen für die Finanzierung unserer Kanalinvestitionen über Fonds, Factoring oder Leasing haben zu dem klaren Ergebnis geführt, daß solche Finanzierungsvarianten letztendlich immer teurer sind als die klassische Kommunaldarlehnsfinanzierung.

   Da zumindest in Nordrhein-Westfalen Darlehnsaufnahmen für die Abwasserentsorgung als "rentierliche Schulden" angesehen und unabhängig von der jeweiligen Finanzlage einer Kommune von den Aufsichtsbehörden akzeptiert werden, müssen bei der Finanzierung öffentlicher Investitionen alle Anstrengungen unternommen werden, diese kostengünstige Finanzierungsvariante für die Kommunen sicherzustellen.

2. Nicht ohne finanzielle Brisanz sind die haushaltsmäßigen Auswirkungen einer Herauslösung der Abwasserbeseitigung aus dem kommunalen Haushalt zu sehen.
   Wird die bisher als Regiebetrieb geführte Abwasserbeseitigung vollständig auf ein privates Unternehmen übertragen, so gehen dem kommunalen Verwaltungshaushalt die kalkulatorischen Kosten (Abschreibung, Zinsen, Wagnisse) verloren.
   Für die Stadt Schwerte hat es sich als sinnvoll erwiesen, nach Wegen zu suchen, nicht das Kanalvermögen auf einen Dritten zu übertragen, damit weiterhin die kalkulatorischen Kosten als Einnahmepositionen im Verwaltungshaushalt verbucht werden können.
   In diesem Zusammenhang ist auch der Hinweis wichtig, daß in einem Regiebetrieb die Abschreibung sowohl auf der Basis der Anschaffungs- als auch der Wiederbeschaffungszeitwerte zulässig ist. Der Gesetzgeber hat bewußt den Kommunen hier ein Ermessungsspielraum eingeräumt. Klar geregelt ist die Abschreibung bei privatwirtschaftlichen Lösungen (Betreiber- und Kooperationsmodellen), da hier die Basis für die Ermittlung der Abschreibungswerte die jeweiligen Herstellungs- bzw. Anschaffungskosten sind.

3. Von entscheidender Bedeutung für die Weiterentwicklung zum "Schwerter Modell" war die unterschiedliche steuerliche Behandlung von Unternehmen des öffentlichen und denen des privaten Rechts bei der Abwasserbeseitigung. Die Abwasserbeseitigung wird nach der

gegenwärtigen Rechtslage steuerlich als hoheitliche, d.h. steuerlich nicht relevante Tätigkeit, beurteilt, wenn sie von einer juristischen Person durchgeführt wird. Wird die Aufgabe allerdings von einer Gesellschaft privaten Rechts, z.B. einer GmbH, durchgeführt, so unterliegt sie demgegenüber allen Steuerarten, da Abschnitt 5 Absatz 28 der Körperschaftssteuerrichtlinie bestimmt, daß Betriebe, die in eine privatrechtliche Form gekleidet sind, nach den für diese Rechtsform geltenden Vorschriften besteuert werden.

Der Bundesminister für Finanzen hat zuletzt mit Schreiben vom 27.12.1990 ("Umsatzsteuerliche Beurteilung der Einschaltung von Unternehmen in die Erfüllung hoheitlicher Aufgaben") nochmals bestätigt, daß das Entgelt einer GmbH für die Leistungen im vollen Umfang umsatzsteuerbar und umsatzsteuerpflichtig ist. Zum Entgelt zählen dabei auch Zuschüsse und Beiträge, so daß auch sie der Umsatzsteuer zu unterwerfen sind.

Wir haben in vergleichenden Modellrechnungen durch einen unabhängigen Wirtschaftsprüfer und Steuerberater ausrechnen lassen, daß der städtische Betrieb im investiven Bereich, der Stadtentwässerung steuerlich deutlich vorteilhafter ist, als eine GmbH. Je nach Festlegung der Größenordnung für Zuschüsse und Beiträge ergibt sich ein steuerlicher Vorteil zwischen 8,2 bis 16,6 Mio. DM in dem Betrachtungszeitraum von 10 Jahren zu Gunsten des Regiebetriebes.

Aus steuerlicher Sicht ist es daher nach Auffassung des Gutachters am zweckmäßigsten, daß der Hoheitsbetrieb und nicht die GmbH investiert und finanziert. Durch Vermeidung der entsprechenden Gewerbeertragssteuer-, Gewerbekapitalsteuer- und Mehrwertsteuerbelastungen werden bei dieser Gestaltung die Gebührenpflichtigen erheblich weniger belastet als bei einer GmbH-Lösung.

4. Ein weiterer, schwer quantifizierbarer Nachteil ist bei dem klassischen Kooperationsmodell darin zu sehen, daß die Alt-Anlagen an die neue Gesellschaft verkauft werden müssen und mit den neuen Kanalinvestitionen in deren Eigentum übergehen. Abgesehen davon, daß bei einer solchen Regelung umfangreiche Vertragswerke mit der Festlegung angemessener Übernahmewerte und klarer Endschaftsbestimmungen ausgehandelt werden müssen, verliert die Kommune auf diese Weise ihre unmittelbare Verfügungsmöglichkeit über die Entwässerungsanlagen.

Diese Überlegungen zur Vermeidung insbesondere der steuerlichen Nachteile bei gleichzeitiger Sicherung der Vorteile des "normalen" Kooperationsmodelles führten dazu, daß das Eigentum an den Entwässerungsanlagen nicht auf die Entwässerungsgesellschaft übergeht, sondern bei der Stadt verbleibt und hier durch Ausgliederung aus dem gemeindlichen Haushalt als Sondervermögen geführt wird.

Nach § 88 II der Gemeindeordnung NW (GO NW) gehören Einrichtungen der Abfall- und Abwasserbeseitigung, der Straßenreinigung sowie Einrichtungen ähnlicher Art zu den nicht wirtschaftlichen Unternehmen im Sinne des Gemeinderechtes, die nach den Vorschriften der Eigenbetriebsverordnung geführt werden können.

Entscheidend sind die Konsequenzen:

Rechtlich ist auch das Sondervermögen Teil des allgemeinen Gemeindevermögens. Die Vorschriften der GO NW über die Haushaltswirtschaft sind aber nur teilweise und sinngemäß anzuwenden, da an die Stelle der haushaltswirtschaftlichen Bestimmungen der GO NW in erster Linie die speziellen Vorschriften der Eigenbetriebsverordnung treten . Eine eigenbetriebsähnliche Ausgestaltung mit Werksauschuß und Werkleitung ist allerdings nicht vorgesehen. Da Einrichtungen, die in der Form des Sondervermögens geführt werden, wegen der fehlenden Gewinnerzielungsabsicht nicht als wirtschaftliche Unternehmen betrieben werden, bleibt ihre Tätigkeit hoheitlich. Daraus folgt, daß kein Betrieb gewerblicher Art vorliegt, so daß die ansonsten bei Betrieben gewerblicher Art anfallenden Steuerbelastungen nicht relevant werden.

Die entscheidende Weiterentwicklung zum Schwerter Kooperationsmodell "Stadtentwässerung" liegt nun darin, daß das Kanalvermögen als ausgegliedertes Sondervermögen nach wie vor bei der Stadt verbleibt, alle Aufgaben der Entwässerung aber von der gemischtwirtschaftlichen Stadtentwässerung Schwerte GmbH (SEG) wahrgenommen werden, an der die Stadt Schwerte zu 52 % und die Firmen Philipp Holzmann AG, Heitkamp Umwelttechnik GmbH und Hochtief Projektentwicklung GmbH zu je 16 % beteiligt sind .

Diese Kooperationsgesellschaft handelt im Auftragsverhältnis für die Stadt im Rahmen des vom Rat der Stadt Schwerte alljährlich zu beschließenden Wirtschaftsplanes, der wiederum dem jeweiligen fortgeschriebenen Abwasserbeseitigungskonzept zu entsprechen hat.

Während die Maßnahmen im investiven Bereich von der Stadtentwässerung Schwerte GmbH (SEG) im Namen und für Rechnung der Stadt ausgeführt werden, werden die übrigen der SEG über-tragenen Aufgaben von ihr in eigenem Namen und für eigene Rechnung durchgeführt.

Abwasserrechtlich wird der SEG die Erfüllung von Aufgaben übertragen, die Aufgabe selbst aber bleibt gem. § 53 (1) LWG bei der Stadt.

Durch die entsprechenden Vertragsgrundlagen, insbesondere den Gesellschaftsvertrag und den Bau- und Betriebsvertrag, ist sichergestellt, daß bei ausreichenden Kontroll-, Aufsichts- und Eingriffsrechten der Stadt die SEG selbständig und wirtschaftlich arbeiten wird und die erforderlichen Investitionen entsprechend dem Abwasserbeseitigungskonzept in längstens 8 - 10 Jahren umsetzt.

Die Kernmannschaft der SEG besteht aus 10 qualifizierten Mitarbeitern, die zum Teil aus dem Tiefbauamt der Stadt Schwerte überwechselten, zum anderen Teil von den Partner-Unternehmen gestellt werden. Die Kooperationspartner haben sich verpflichtet, qualifiziertes Personal in zeitlich erforderlichem Umfang bereitzustellen, um die Aufgaben der SEG beim Bau und Betrieb der Kanalanlagen erfüllen zu können.

Durch diese Konstruktion werden die Aufgaben der Stadtentwässerung nicht nur schneller und besser erledigt, sondern auch erheblich wirtschaftlicher. Diese Vorteile, die dem Gebührenzahler unmittelbar zugute kommen, basieren im wesentlichen auf folgenden Grundlagen:

1. Im Vergleich zu der umständlichen und von bürokratischen Hemmnissen geprägten Führung eines Regiebetriebes werden sich deutliche Management-Vorteile in der Kooperationsgesellschaft darstellen. So zeigen Erfahrungen in Niedersachsen mit Betriebermodellen, daß hier Kosteneinsparungen zwischen 15 % und 30 % festgestellt werden konnten. Selbst wenn nur 10 % Management-Vorteil durch diese flexible Unternehmensführung zu erwarten wäre, würden dem Gebührenzahler bei den enormen und in Zukunft steigenden Umsätzen erhebliche Beträge erspart bleiben.

2. Durch die schnelle Umsetzung des Abwasserbeseitigungskonzeptes werden die Kanal-Investitionen auch erheblich preisgünstiger realisiert werden können. Eine Vergleichsrechnung zeigt, daß bei einer angenommenen Preissteigerungsrate von 5% pro Jahr dem Bürger durch das Kooperationsmodell "Stadtentwässerung" rund 100 Mio. DM inflationsbedingte Mehrkosten erspart bleiben, die ihm dann nicht über die entsprechend höheren Zins- und Abschreibungsbeiträge in Rechnung zu stellen sind.

3. Durch die vertraglichen Gestaltungen ergeben sich für die Stadt bei der Vergütung der von der SEG erbrachten Leistungen erhebliche Kostenvorteile. Allein durch die Pauschalierung von Planungs- und Bauleistungen werden erhebliche Einsparungen erzielt, die sich je nach Investitonsvolumen in Größenordnungen von mehreren Hunderttausend-DM pro Jahr bewegen und bei der Abarbeitung des gesamten

Abwasserbeseitigungskonzeptes zu Plankostenersparnissen von mehreren Mio. DM führen.

Vergleichende Erfolgsrechnungen haben gezeigt, daß die Umsetzung des Abwasserbeseitigungskonzeptes durch das Schwerter Kooperationsmodell im Gegensatz zum klassischen Regiebetrieb einen wirtschaftlichen Vorteil von 38,5 Mio. DM erzielen wird.

Das bedeutet, daß die Stadt Schwerte durch die Realisierung dieses Lösungsmodelles nicht nur in kürzester Zeit die Sanierung, die Erneuerung und den Neubau ihrer abwassertechnischen Anlagen durchführen und die bestehenden Vollzugsdefizite im Betrieb der Entwässerung abbauen wird, sondern für den Bürger der Stadt Schwerte die Abwasserbeseitigung auch erheblich kostengünstiger gestaltet wird.

Durch diese echte Form der "public-private-partnership" zwischen der Stadt Schwerte und den drei Kooperationspartnern wird sichergestellt, daß jede Seite ihr Wissen, ihre Erfahrung und ihre besondere Leistungsstärke einbringt, und somit eine optimale und wirtschaftliche Erledigung einer kommunalen Aufgabe im Sinne einer zukunftorientierten Stadtentwicklungspolitik erfolgen wird.

Nachdem die Gesellschaft also zum 01.07.1993 gegründet war, wurde auch gleichzeitig die Arbeit der Stammanschaft aufgenommen.

Das Team der Stammanschaft setzt sich wie folgt zusammen:

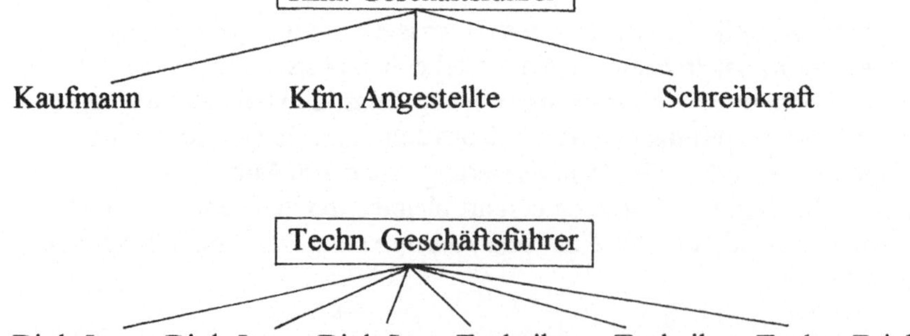

Bezüglich der neuen Arbeitsverteilung stellten sich primär zwei Aufgaben

- Abarbeiten der Altlasten
- Konzepterstellung der Aufgabenerfüllung mit neuen Zielsetzungen

Nach der gefundenen neuen Zielsetzung ergaben sich folgende Schwerpunkte:

- Altlastenbeseitigung
- Erstellung eines neuen Abwasserbeseitigungskonzeptes
- Planung und Umsetzung eines investiven Bauvolumens von 20 Mio. DM
- Konzept und Umsetzung der Indirekteinleiterverordnung
- Einführung neuer EDV-Anlagen

Erste Erfahrungsergebnisse

Es ist gewiß verständlich, daß nach einer Erfahrungszeit von fünf Monaten noch keine gravierenden Ergebnisse bzw. Änderungen erkannte wurden um hier nun vorgestellt werden zu können.

Dennoch möchte ich meine positiven Erfahrungen an zwei Beispielen bekannt geben.

I. Konzeption "Umsetzung der Indirekteinleiterverordnung in Schwerte"

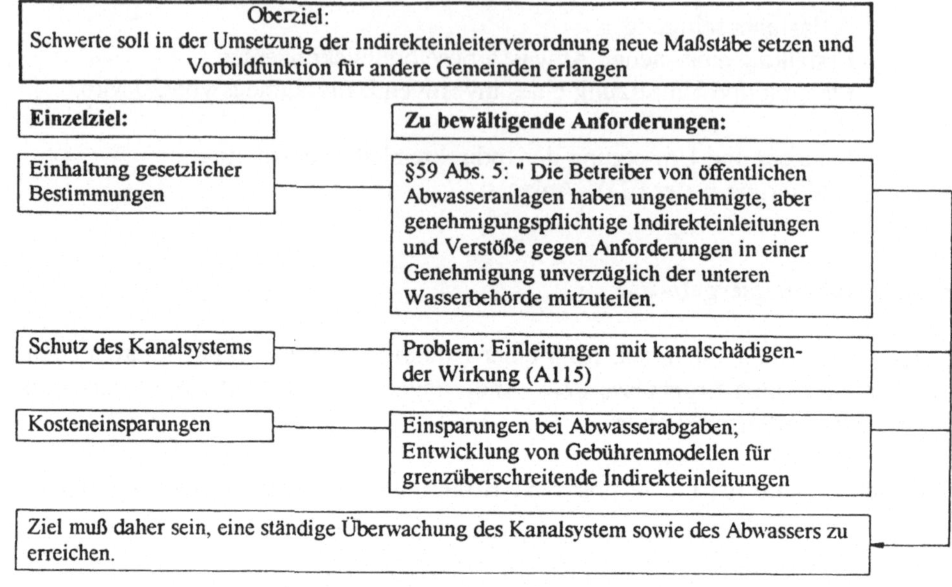

Orientierungsphase:
(vorgesehene Dauer : bis Dezember 1993)
Inhalte: Sammlung und Strukturierung von Informationen

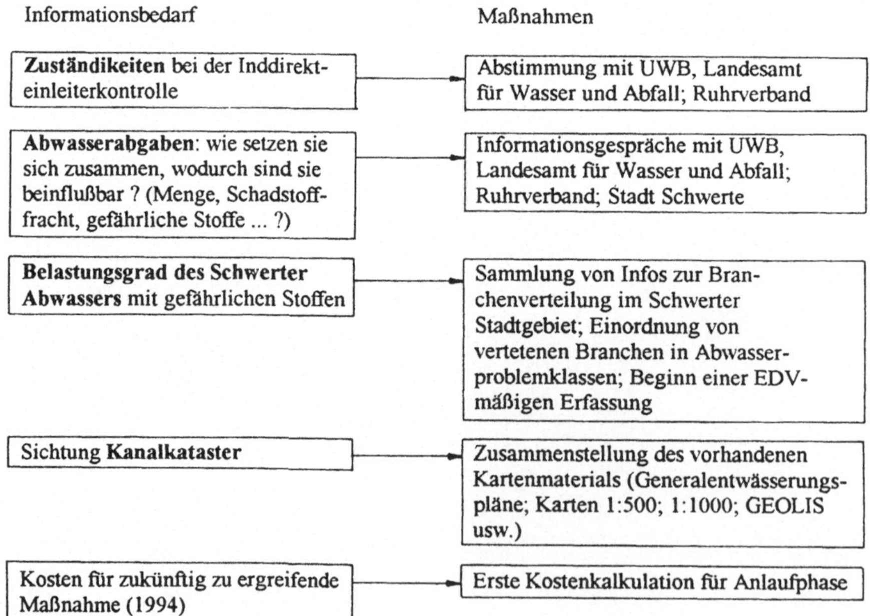

Anlaufphase:
vorgesehene Dauer : bis Dezember 1994
Inhalte: Schaffung der Voraussetzungen zur Etablierung eines Abwasserkontrollsystems

1. Erstellung eines EDV-gestützen Kanal / Indirekteinleiterkatasters:

Kostenverursachende Maßnahmen	Eigenleistungen
Beschaffung eines geeigneten DV-Systems (Hardware; CAD-Software, Datenbanksoftware, Mitarbeiterschulung)	
	DV-mäßige Ersterfassung des Kanalkatasters
	Fragebogenaktion zur Erfassung aller Indirekteinleiter mit Angaben zu anfallenden wassergefährdeten Substanzen
	DV-mäßige Auswertung der Fragebögen; Erstellung einer Indirekteinleiterdatenbank
Erstellung einer Schnittstelle zwischen Kanalkataster und Indirekteinleiterdatenbank (Externe Leitung)	
	Abstellung eines Mitarbeiters zur Pflege des Kanal/Indirekteinleiterkatasters

2. Aufbau und Betrieb eines Kleinlabors für Schnelltest in der Abwasseranalytik

Kostenverursachende Maßnahmen	Eigenleistungen
Anschaffung Laborgeräte, Probennahmeautomat	Abstellung eines Mitarbeiters zur Abwasseranalyse
Mitarbeiterschulung	
Beschaffung von Verbrauchsmaterial	
Dauernde Kosten für Probennahmen (Anfahrt, Arbeitszeit)	

3. Planung eines Abwasserdauerkontrollsystems

3.1. Festlegung der Dauerkontrollstationen

Auswertungen der aus Kanal/Indirekteinleiterkataster gewonnenen Daten über Verteilung problematischer Indirekteinleitungen im Stadtgebiet

Im eigenen Kleinlabor: Schadstoffbestimmungen im Abwasser, das an ausgewählten Probennahmepunkten gesammelt wird: Aufnahme differenzierter Schadstoffprofile

Sinnvolle Zusammenstellung der Probennahme- bzw. Kontrollpunkte im Stadtgebiet

Auswertung:
1. Bei positiven Befunden gefährlicher Substanzen exakte Analyse durch externe Labors
2. Optimierung der Kontrollpunktverteilung und er Analyseparameter

3.2 Festlegung des optimalen Meßverfahrens für jeden einzelnen Kontrollpunkt

(Zeitraum Herbst 1994 - Dezember 1995)

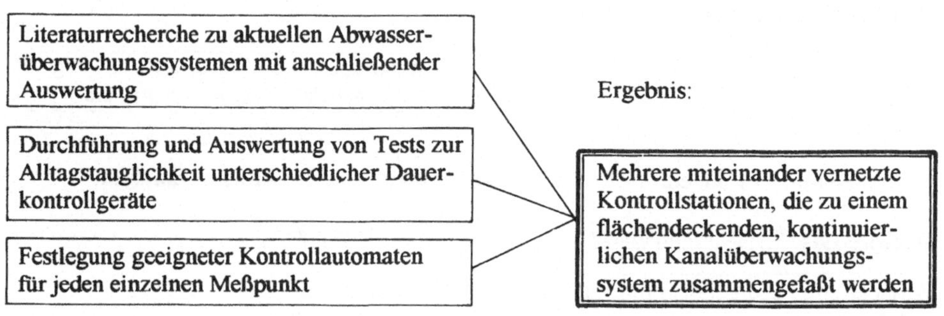

Kommentar:
Die Stationen sollen verteilt werden, daß unter Zuhilfenahme des Kanal / Indirekteinleiterkatasters eine Zuordnung erhöhter Schadstofffrachten im Kanalsystem zum Verursacher möglich wird. Die einzelnen Meßstationen sollteen durch Auswahl geeigneter Analyseparameter ein breites Spektrum an Schadstoffen erfassen, ohne daß jedoch auf dieser Ebene schon präzise Analysedaten angestrebt werden. Das vernetzte System der Abwasserkontrollstationen dient somit lediglich dazu, Schadstofffrachten auszuspüren.
Werden durch dieses "Screeningverfahren" an einer Kontrollstation hohe Schadtstoffkonzentrationen im Abwasser festgestellt, können die Inhaltsstoffe einer unmittelbar zu sichernden Abwasserprobe anschließend durch etablierte chemischen Analysen qualitativ und quantitativ bestimmt werden.
Die Gesamtkosten für eine kontinuierliche Kontrolle der Abwässer im Kanalsystem ließen sich durch die Kombination eines hier vorgestellten relativ unspezifischen "Aufspürsystems" mit genauen chemischen Loboranalysen bei screeningpositiven Proben in vertretbarern Grenzen halten.

II. Umfrage

Eine Umfrage bei den "früheren " Mitarbeiten des Tiefbauamtes, die nun seit fünf Monaten in der SEG arbeiten zeigt folgendes Ergebnis:

Frage: Warum gefällt es Ihnen in der SEG zu arbeiten und welche positiven Erfahrungen haben Sie bereits gemacht ?

Antworten:

- kürzere Dienstwege
- mehr Entscheidungsfreiraum
- weniger Verwaltungsaufwand
- klare Ziele
- direkte, sachbezogene Arbeit
- schnellere Reaktionsmöglichkeiten
- höhere Eigenverantwortung
- Lob und Tadel
- Identifikation mit dem Betrieb ("ein Team")
- höherer technischer Standard
- schöner Arbeitsplatz

Schwerter Kooperationsmodell "Stadtentwässerung"

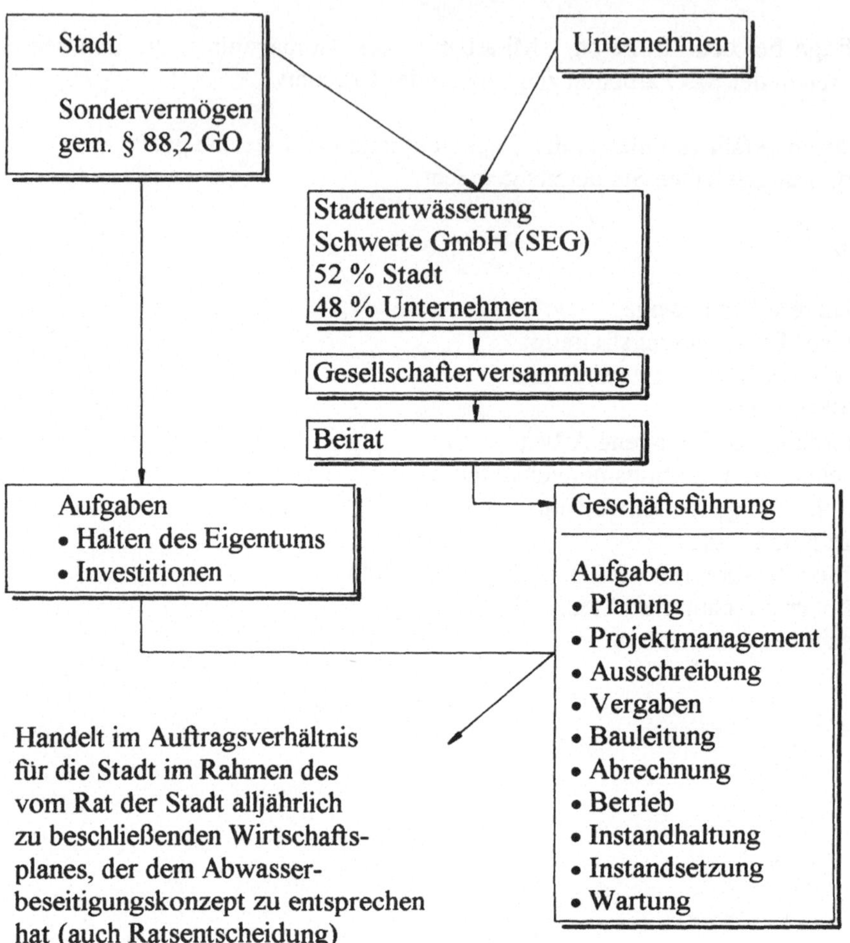

Realisierung von Betriebsführungs- und Kooperationsgesellschaften in Brandenburg

Dr. Jürgen Neumann, Metallgesellschaft AG

1. Einführung

Mit dem Beitritt der ehemaligen DDR zur Bundesrepublik Deutschland wurde die Ausgangslage in den dann neuen Bundesländern auf dem Gebiet der Wasserwirtschaft besser bekannt. Der große Nachholbedarf beim Aufbau der wasserwirtschaftlichen Infrastruktur wurde deutlich. Umfangreiche Investitionen müssen getätigt werden mit einem hohen Kapitalbedarf. Die Zahlen signalisieren aber vor allen Dingen einen großen Bedarf an Managementkapazität sowohl für die technischen Disziplinen bei Vorbereitung und Durchführung der Investitionen als auch insbesondere für den Aufbau und die Führung der für diese Investitionen verantwortlichen Unternehmen (**Bild 1**).

Mit weitem Abstand vor allen anderen Leistungen dominieren bei den Maßnahmen für den Umweltschutz die Investitionen in der Wasserwirtschaft - und hier vor allem die Investitionen für die Abwasserentsorgung (**Bild 2**).

Man würde meinen, daß vor dem Hintergrund des enormen Kapitalbedarfs für den Gesamtaufbau in den neuen Bundesländern diese gewaltige Aufgabe in der Wasserwirtschaft durch generalstabsmäßige Bündelung von Ressourcen durchgeführt würde. Stattdessen ergibt sich unter dem Einfluß der kommunalen Hoheit eine Zersplitterung der Verantwortung auf viele kleine Kommunen und Zweckverbände und in jeder dieser Verantwortungsbereiche eine sehr komplexe Entscheidungsstruktur mit dem Risiko suboptimaler Lösungen und Verschleppung von Entscheidungen (**Bild 3**).

Der Vortrag wird in der Folge drei weitere Punkte behandeln.

2. Ausgangslage bei der Metallgesellschaft AG

Als die Metallgesellschaft AG sich am 15. Januar 1992 auf der Wasserwirtschaftlichen Tagung in Frankfurt/Oder zum ersten Mal mit ihrem Programm vorstellte, waren mehrere strategische Gründe ausschlaggebend für dieses Engagement:

- Sicherung der eigenen Position in einer sich verändernden Marktstruktur durch Eintritt von Wettbewerbern auf dem Anlagenbausektor in die Betreiberebene.

- Aufbau eines Geschäftsfelds mit langfristig gesichertem positiven Cash flow und Ergebnis.

- Aufbau eines Geschäftsfelds Betreibung zur Ergänzung der Aufgaben des Anlagenbaus im internationalen Bereich, in dem Großaufträge häufig nur durch ein gesamtes Leistungspaket aus Bauen, Finanzieren und Betreiben erfolgreich angeboten werden können.

Es gab gute Gründe, sich anfänglich auf das Land Brandenburg zu konzentrieren, denn hier gab es in der politischen Ebene starke Befürworter für private Beteiligung in der Wasserwirtschaft aufbauend auf den Erfahrungen des niedersächsischen Betreibermodells. Auch enthält die neue Kommunalverfassung des Landes Brandenburg Passagen, die zu einer Privatisierung öffentlicher Dienste ermuntern. Die MG hat sich aber weniger um Betreibermodelle bei einzelnen Kläranlagen beworben, sondern ihr Angebot konzentrierte sich auf Kooperationsmodelle mit Kommunen und Zweckverbänden für regionale Gesellschaften. Wir sahen in diesem Ansatz mehrere Vorteile.

- Entscheidungen in der Wasserwirtschaft können ohne Mitwirkung der Kommunen nicht getroffen werden. Das Kooperationsmodell garantiert auf Dauer eine echte Partnerschaft zwischen der kommunalen Seite und dem privaten Partner.

  - Nur die Mitwirkung in der Fläche ermöglicht es, schrittweise gemeinsam zu den günstigsten Gebühren für den Nutzer der wasserwirtschaftlichen Dienstleistungen zu kommen: Die optimale regionale Struktur muß definiert werden und darauf aufbauend die organisatorische Struktur für das verantwortliche Unternehmen; dieses Unternehmen entwickelt dann die technische Lösung für die Maßnahmen bei Anlagen und Netzen und erst darauf aufbauend wird schließlich die kreative Finanzierung zusammengestellt.

Wir haben auch sehr schlechte Erfahrungen mit einigen Betreibermodellen beobachtet.

3. Realisierte Verträge

Der Vortrag wird die drei Verträge nennen, die die Metallgesellschaft bisher in Brandenburg abgeschlossen hat, und auch auf die Erfahrungen eingehen, die während der Verhandlungen gewonnen wurden.

Cottbus - Lausitzer Wasser: Voll integrierte Gesellschaft für Wasserver- und Abwasserentsorgung.

Brandenburg - BRAWAG: Gemischte Lösung, voll integrierte Gesellschaft für die Wasserversorgung und Betriebsführungsgesellschaft für die Abwasserentsorgung, für die das Eigentum bei der städtischen Gesellschaft verbleibt.

Fürstenwalde/Beeskow - Spreewasser: Betriebsführungsgesellschaft für die Wasserver- und Abwasserentsorgungsanlagen und -netze in den Zweckverbänden der Landkreise Fürstenwalde und Beeskow.

4. Weitere Aussichten

Bis zum 30.06.1994 werden die drei großen ehemaligen Wassergesellschaften im Bundesland Brandenburg entflochten sein. Die Aufgaben und die Anlagen und Netze werden auf die kommunalen Hoheitsträger übertragen sein. Insgesamt haben sich 130 bis 140 Kommunen und Zweckverbände gebildet, die eigenständig die Wasserwirtschaft betreiben, betreiben lassen oder für diese Aufgabe Partnerschaften mit privaten Unternehmen eingegangen sind. Nach dem Erlaß der Umwelt- und Innenministerien führt diese große Zahl zu einer unnötigen Zersplitterung bei der Erfüllung der Aufgaben und eine Reduzierung auf 30 bis 40 wird angestrebt. Um diese Reduzierung zu erreichen, muß es zu einer Restrukturierung in der Region kommen, für die die Metallgesellschaft mit den drei Gesellschaften, an denen sie im Land Brandenburg beteiligt ist, weitgehende Unterstützung anbietet.

In einigen der neuen Bundesländer ist der Entflechtungsprozeß teilweise auf ausschließlich kommunaler Basis vorerst abgeschlossen, teilweise werden gemischtwirtschaftliche Lösungen jetzt erst entwickelt. Auch an diesem Prozeß werden wir uns selektiv beteiligen. In einigen neuen Bundesländern beginnt der Entflechtungsprozeß erst jetzt, dort könnten wir am Beginn bereits unsere Erfahrungen aus Brandenburg einbringen.

Kapitalbedarf und Managementlast

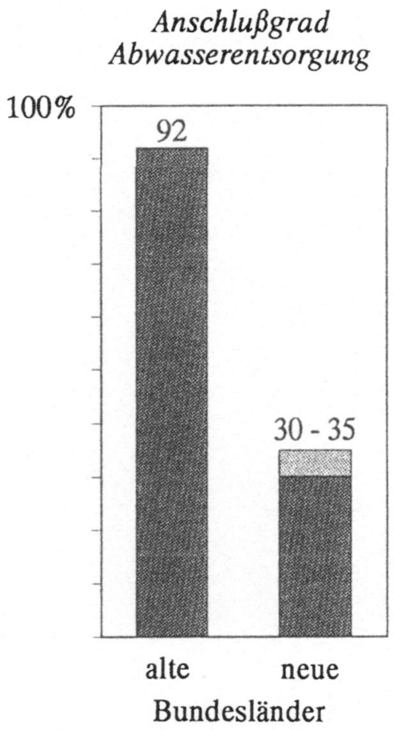

Anschlußgrad Abwasserentsorgung

100%

92

30 - 35

alte neue

Bundesländer

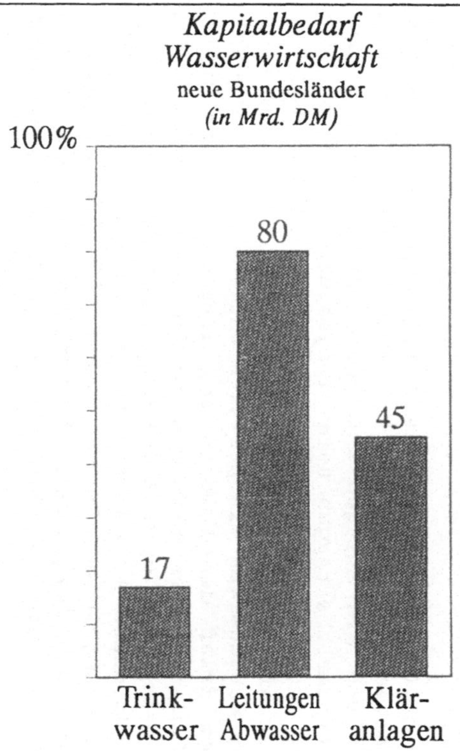

Werte 1991 - 2000 (real '90)

Kapitalbedarf Wasserwirtschaft

neue Bundesländer

(in Mrd. DM)

100%

17

80

45

Trink-wasser

Leitungen Abwasser

Klär-anlagen

Investitionen für den Umweltschutz

Kapitalbedarf für die neuen Bundesländer bis zum Jahr 2000

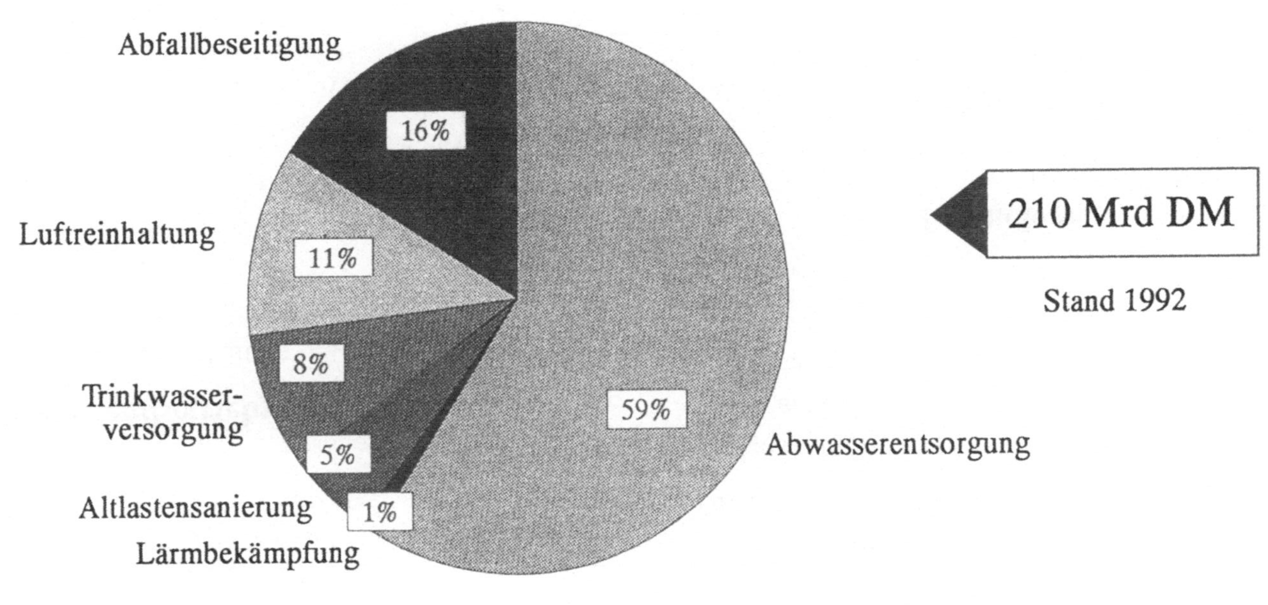

Komplexität bei der Neuordnung der Wasser- und Abwasserwirtschaft

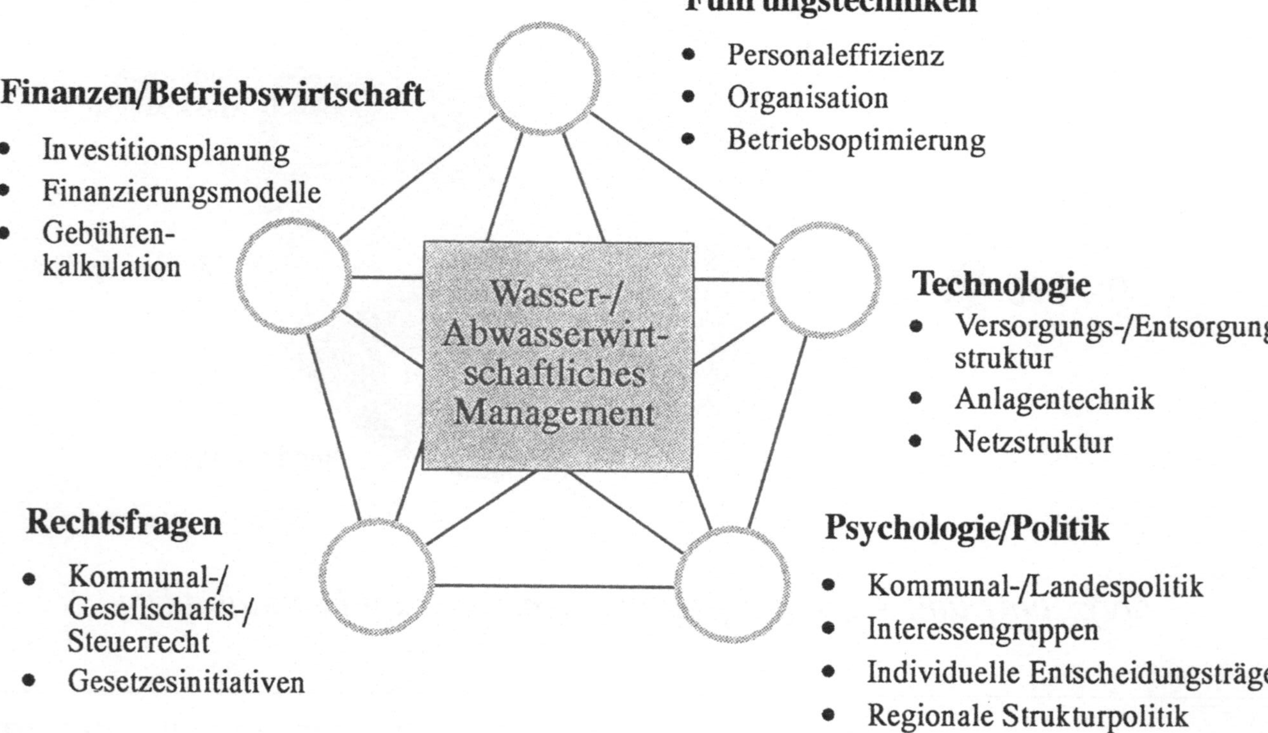

Erfahrungen mit dem Kooperationsmodell „Süßer See“

Manfred Ittig, Bernd Striegel, Niels-Christian Holm

EG-Umweltschutzrichtlinien als gültige Basis für gesetzliche Grundlagen

Das Thema Europa gewinnt auch für die Kommunen eine immer größere Bedeutung. Bisher war die europäische Dimension bei den Kommunen lediglich auf kommunale Partnerschaften auf EG-Ebene, verbunden mit dem Gedanken an eine europäische Einigung, beschränkt. Konkret existiert jedoch in der Zwischenzeit eine Vielzahl europäischer Richtlinien, die direkten Einfluß auf die kommunalen Entscheidungsabläufe nehmen und von den Kommunen zu berücksichtigen sind. Als erste gültige EG-Richtlinie wurde 1971 für den Bereich Ausschreibungen die Baukoordinierungsrichtlinie 71/305/EWG festgeschrieben. Richtlinien für kommunale Baumaßnahmen betreffen den Umweltschutzbereich:

- Trinkwasserrichtlinie	75/440/EWG
- Richtlinien im Abfallbereich	78/319/EWG
- Lieferkoordinierungsrichtlinie	80/767/EWG
- Richtlinien zum Gewässerschutz	82/176/EWG
- Richtlinie Umweltverträglichkeitsprüfung	85/337/EWG
- Überwachungsrichtlinie	89/113/EWG
- Baukoordinierungsrichtlinie	89/440/EWG
- Sektorenrichtlinie	90/531/EWG
- Richtlinie Kommunales Abwasser	91/271/EWG
- Sektorenüberwachungsrichtlinie	92/113/EWG
- Dienstleistungskoordinierungsrichtlinie	92/50/EWG

Diese EG-Richtlinien im Umweltschutz wurden nachträglich fixiert und werden nun auch als Regelungsinstrument benutzt. Mit der Verabschiedung der Europäischen Akte 1987 wurde der Umweltschutz in Artikel 130 EWG-Vertrag verankert. Aus Sicht der EG ging es primär darum, daß sich im gemeinsamen Markt keine unterschiedlichen Umweltstandards ergeben und somit auch keine Wettbewerbsverzerrungen entstehen.

Ziel der EG-Richtlinien

Bei allen EG-Aktivitäten stellte sich das öffentliche Auftragswesen im Rahmen eines gemeinsamen Binnenmarktes als Schwerpunkt heraus. Es wurde ein gemeinsames Richtlinienprogramm aufgestellt. Die EG-Kommission erhoffte sich von einem solchen Programm eine gesteigerte Transparenz der jeweiligen nationalen Vergabeverfahren und einen sehr guten Informationsfluß, so daß wesentlich mehr Anbieter auf dem Markt sind und sich außerhalb der jeweiligen Landesgrenzen bei den EG-Mitgliedstaaten bewerben.

Die private schrittweise Betreibung

Die Kernaufgabe für die Entwicklung der Städte oder Gemeinden (Industrieansiedlung etc.) ist eine geordnete, preiswerte und funktionssichere Abwasserentsorgung. Besonders die Verschärfung der Direkteinleiterbedingungen, der Klärschlammverordnung und der TA-Siedlungsabfall sowie die gleichzeitige Übernahme der Führung des Betriebes zur Wasserversorgung und Abwasserentsorgung in den neuen Ländern stellen Sie vor kaum lösbare Probleme.

Durch die derzeitige Entwicklung ist sicher speziell bei den Kommunen die Belastung sowohl finanziell als auch organisatorisch / technisch über die Grenze des Machbaren hinausgegangen.

Die Lösung für die Abwasserentsorgung:

QUALIFIZIERTES BETREIBERMODELL!

Die Leistungen der sogenannten Privatisierung der Abwasserbeseitigung, soweit es z. B. Betreiber- oder Finanzierungsleistungen sowie die Planung, den Bau und Betrieb von Abwasseranlagen betrifft, sind zukünftig dem europäischen Wettbewerb zu öffnen. Einschränkungen des Bieterkreises sind gegenüber der Kommission des Rates (EG) schriftlich zu begründen. Zumindest die europaweite Veröffentlichung ist unverzichtbar.

Wenig bekannt ist, daß diese Vergabevorschriften verbindlich sind für alle öffentlichen Auftraggeber. Öffentliche Auftraggeber sind - nach EG-Definition - für den Bereich Abwasserebeseitigung auch Zweckverbände, Stadtwerke oder andere

Einrichtungen und Unternehmen, die von Einrichtungen des öffentlichen Rechts finanziert oder geleitet werden oder der Aufsicht durch letztere unterstehen.

Demnach sind bereits heute alle Lieferungen und Leistungen z. B. für die maschinelle und elektrotechnische Ausrüstung von Kläranlagen mit einem Auftragswert von mehr als 200.000 Ecu (ca. 416.000,00 DM) dem europaweiten Wettbewerb zu öffnen.

Die vielen öffentlichen Auftraggebern liebgewordene beschränkte Ausschreibung unter regionalen oder auch deutschen Fachfirmen unter Ausschluß Rest-Europas ist damit ein Verstoß gegen ein gültiges Vergaberecht. Auch ein öffentlicher Teilnahmewettbewerb stellt eine Wettbewerbsbeschränkung dar und sollte vermieden werden. Es gibt keine einzige Begründung, sofern Korrektheit ehrlich gewollt ist.

Abwasserreinigung in private Hände zu geben, ist hinreichend bekannt - mit allen Vor- und auch Nachteilen. Als Nachteil wurde bisher vorgetragen, daß der Betreiber sehr oft kein Kläranlagenspezialist / Hersteller ist und sich auf dem Markt eine "billige Kläranlage" zusammenkauft und dann noch überhöhte Gebühren berechnet.

Die Abwasserreinigung ist jedoch eine hoheitliche Aufgabe, die nur mit sehr guter Technologie und durch solvente, erfahrene Abwasserspezialisten realisiert werden kann. Aufgrund unserer bisherigen Erfahrung bei der Planung und dem Bau von Kläranlagen für kommunale Einrichtungen haben diese Fachbetriebe ein nicht zu überbietendes Know-How. Dabei gehen wir in der Erkenntnis, daß die Abwasser-Reinigung auch in den nächsten Jahrzehnten nicht wesentlich anders gelöst wird, von der Zielsetzung aus, unsere Anlagen so dauerhaft wie möglich, aber preiswert zu gestalten.

Aktuelle Privatisierungsmodelle

Das Wirtschaftsministerium Hannover hat vor ca. 10 Jahren sehr vehement Betreibermodelle finanziell gefördert mit dem Ziel: weniger Verwaltung, mehr privates Unternehmen. Es liegen aus den ca. 10 niedersächsischen Betreiberfällen positive und negative Erfahrungen vor. In den neuen Ländern werden die Kommunen derzeit vor kaum lösbare Probleme gestellt, weil in allen Bereichen Voraussetzung für eine Industrieansiedlung etc. eine geordnete, preiswerte und funktionssichere Abwasserentsorgung ist.

Besonders die Verschärfung der Direkteinleiterbedingungen, der Klärschlamm-Verordnung und der TA Siedlungsabfall zwingt die Kommunen, sehr hohe Investitionen zu realisieren. Es sollen quasi gleichzeitig Schulen, Straßen, Kindergärten, Krankenhäuser etc. erstellt werden. Durch diese extreme Entwicklung sind Privatisierungsmodelle erforderlich und werden derzeit sehr stark praktiziert. Es gibt auch schon jetzt Synergie-Effekte aus den neuen Ländern zu den alten Ländern. In vereinfachter Form zeigen sich zwei Lösungswege.

- **Das Kooperationsmodell**

  Von der Kommune / AZV wird eine Besitz- bzw. Betriebs GmbH gegründet, wo die Kommune mehrheitlich mit 51 % beteiligt ist, während der Kooperationspartner (das private Unternehmen als Know-How-Träger) mit 49 % beteiligt ist. Zwischen der Kommune und dieser Besitz / Betriebs GmbH wird ein Entsorgungsvertrag geschlossen. In diesem Entsorgungsvertrag wird sichergestellt, daß sowohl die Entsorgungspflicht als auch das Entsorgungsrecht von der gemeinsamen GmbH übernommen wird.

  Einer solchen gemeinsamen GmbH bleibt dennoch das Recht, eine Abwasserreinigung selbst zu betreiben oder einen dritten, getrennten Betreiber einzubinden.

- **Das Klassische Betreibermodell**

  Die Kommune / AZV schließt mit einem privaten Anlagenbetreiber einen Betreibervertrag ab, wahlweise für die Kläranlage allein oder auch für die Kläranlage mit gesamter Kanalisation. Der Betreiber bekommt für die Dienstleistung Abwasserreinigung ein Entgelt für Basis m^3 zu reinigendes Abwasser, in der Regel aufgeteilt nach einem Grundpreis und einem Arbeitspreis. Der Grundpreis deckt die Finanzierungskosten, während der Arbeitspreis die Betriebskosten beinhaltet. Berechnungsmaßstab für diese Gebühr ist in der Regel der Trinkwasserverbrauch.

  Das Eigentum an einer Kläranlage wird über einen Erbbaurechtsvertrag als Eigentum auf Zeit gegen eine entsprechende Gebühr an den Betreiber übergeben.

Vorteile der privaten Betreibung von Abwasserreinigungsanlagen, die eine Kommune nicht hat

- 8 % Investitionszulage vom Invest

- 15 % Vorsteuerabzug, jedoch wird auf die Gebühr Mehrwertsteuer berechnet (dennoch erheblicher Finanzierungs- und Zinsvorteil)

- regionale Wirtschaftsförderung hinsichtlich Gewerbeanteile

- 50 % Sonder-AfA, dadurch Finanzvorteil in den Anlaufjahren im Verhältnis zu Steuerbeträgen

Die vorgenannten Vorteile fließen in eine transparente Gebühren- und Preisermittlung ein, so daß bei korrekter Praktizierung immer eine geringe Gebühr für die Bürger anfällt.

Qualifiziertes Betreibermodell (Kooperationsmodell) AZV "Süßer See" - AES Seeburg - Rathaus

Die qualifizierte Betreibung schließt die allgemeinen Nachteile - auch aus den niedersächsischen Erfahrungen bei KA-Betreibungen - weitgehend aus. Es werden besonders hohe Qualitätsmerkmale fixiert.

Konkrete Anlagenschritte des Abwasserzweckverbandes Süßer See nach üblicher Verbandsgründung:

1. Der AZV beauftragt das unabhängige Planungsbüro mit der Planung der KA (Kläranlage) und KN (Kanalisation)

   Wichtig

   a. Erstes Honorar wird bezahlt nach Finanzierungsgenehmigung.

   b. Aktive Kontrolle des Büros hinsichtlich wirtschaftlicher Technologie, z. B. qualifiziertes Trennsystem, und Termingestaltung.

   c. NA (Nebenangebote) bei allen Ausschreibungen werden nicht nur zugelassen, sondern gewünscht (grundsätzlich öffentl. Ausschreibung)

2. EG-weite, öffentliche Ausschreibung auf der Basis der örtlichen Erfordernisse gemäß BKR (EG-Baukoordinierungsrichtlinie)

Wichtig

a. Die HOAI belohnt den Planer entgegen dem wirtschaftlichen Bauen für übertriebene, teure Bauweise

b. Utopische Vorbemerkungen sind sinnlos, da überwiegend Gesetzes-Texte und VOB-Texte (auch falsch) übernommen werden und zur Verteuerung führen.

c. Nebenangebote werden auch hier gewünscht.

Der Vergabevorschlag wird durch den AG (Auftraggeber) in Verbindung mit den Fachbehörden (RP, STAU, Kreis) kritisch geprüft. Abweichungen vom Vergabevorschlag des Planers sind kein Novum!

3. Entscheidung des AZV, daß die Abwasserentsorgung unter privater Beteiligung realisiert wird und als erster Schritt eine Kooperations GmbH gegründet wird in der üblichen Form (51 % Kommune - 49 % privates Unternehmen - Know-How etc. Transfer).

4. Gründung von AES (Abwasser-Entsorgungs GmbH Süßer See) mit Geschäftsführung von AZV und privatem Unternehmen sowie Abschluß eines Entsorgungsvertrages mit der AES, jedoch als qualifizierte Betreibung.

5. Weitere noch offene Möglichkeiten:

- klassischer Betreibervertrag
- Betriebsführungsvertrag

Sowohl bei der Kooperations-GmbH als auch bei der klassischen Betreibung wird derzeit in den beteiligten Ministerien daran gearbeitet, die steuerlichen Nachteile der privaten Betreibung im Vergleich zu kommunalen Betreibern zu beseitigen.

Erhöhte Qualitätsnormen als Mindeststandard (qualifizierte Betreibung):

- Keine feuerverzinkten Teile, sonder ausschließlich Edelstahl bzw. abwasserbeständiges Aluminium - damit garantieren wir eine Standzeit von 20 Jahren.

- Keinerlei verzinkte Rostabdeckungen, die ohnehin rosten, sondern ausschließlich GFK-Rostabdeckungen.

- Statt einfacher Elektrik wird eine moderne Prozeßleittechnik mit Master-Slave-Ebene als dezentraler Steuerblock installiert - alles mit PC-SPS (speicherprogrammierbare Steuerungen). Durch diese Investition ergibt sich eine erhebliche Betriebskostenreduzierung.

- Statt keiner oder wenig automatischer dezentraler Messungen wird ein umfangreiches On-line-Meßsystem eingebaut, bestehend aus:

  - RS/ÜS-Prozessor
  - Ammonium NH_4-N
  - Nitrat NO_3-
  - Sauerstoff O_2
  - Phosphat PO_4-P
  - Redox

Voraussetzung für diese erhöhten, aber erforderlichen Qualitätsmerkmale ist zusätzlich die Kompetenz des Betreibers bezüglich Projektierung, Bau und Betrieb von Abwasserreinigungsanlagen einschl. der zusätzlichen peripheren Aufgabenstellungen, die sich durch eine private Betreibung ergeben.

Damit können wir als Betreiber auch in besonderen Betriebsfällen eine hohe Betriebssicherheit bieten und die Einleitungsgrenzwerte für das Gewässer bei optimalen Betriebskosten garantieren.

Zusammenfassung

I. Durch die Gründung der Abwasserentsorgungs GmbH Süßer See (AES) sind erhebliche Vorteile für die Verbandgemeinden entstanden, die zu einer deutlichen Reduktion der Abwassergebühr führen. Bei einem Investitionsvolumen von ca. 200,0 Mio DM ergeben sich folgende Vorteile:

- 8 % Investitionszulage
(Das Betriebsgebäude in Höhe von ca. 1,0 Mio DM wird nicht gefördert)

- 15 % Vorsteuerabzug = 26,08 Mio DM. Obwohl die Gebühr mit Mehrwert-Steuer weiterberechnet wird, ergibt sich ein Zinsvorteil von ca. 8,7 Mio DM.

- Globale Vorteile wie 50 %ige Sonder-AfA und Investitionszuschuß für Wirtschaftsförderung örtliche Region für den Anteil, der für Gewerbe auszuweisen ist.

II. Die wirtschaftliche Gesamtabwicklung wird deutlich schneller realisiert.

Die Abwasserentsorgung im europäischen Wettbewerb - Erfahrungen aus Frankreich, England und Deutschland

Stefan F. Hicke

1. Einleitung

Mit zunehmender Entwicklung der Industriegesellschaft in den Mitgliedsstaaten der EU haben sich auch die Anforderungen an die Abwasserentsorgung erhöht. Im weltweiten Konkurrenzkampf wird der Standort Europa nur dann bestehen können, wenn die Infrastruktur und damit auch die Abwasserentsorgung kosteneffizient und bei hohem Leistungsstandard weiterentwickelt wird. Dieser Aufgabe stellen sich die Unternehmen auf dem Dienstleistungsmarkt "Abwasserentsorgung", die unter Wettbewerb ökologisch sinnvolle und ökonomisch tragbare Lösungen anbieten.

Entscheidend ist die saubere Trennung in einerseits Definition der Aufgabenstellung und Kontrolle der Ergebnisse (**hoheitliche Funktion:** diese ist die originäre Aufgabe der politisch legitimierten Behörden) und andererseits weisungsgemäße Durchführung der Aufgabe (**exekutive Funktion:** diese ist die Sache der privaten Investoren und Unternehmen).

Anhand der Abwasserentsorgung als einem Infrastrukturbereich, dem (wie das Beispiel der neuen Länder der Bundesrepublik zeigt) eine Schlüsselfunktion bei der Erschließung zukommt, läßt sich zeigen, daß Diskrepanzen bestehen zwischen historischen Gegebenheiten und aktuellen Notwendigkeiten. Die Länder Europas haben für die Lösung der Abwasserentsorgung aus ihrem jeweiligen kulturellen und historischen Kontext unterschiedliche Herangehensweisen entwickelt. Dennoch kann bei aller Eigenart das Beispiel des Nachbarn Anregungen für die eigene Problemlösung geben.

2. Frankreich

Die in der Einleitung aufgemachte Gegenüberstellung von hoheitlichen und exekutiven Aufgaben hat bezogen auf die Abwasserentsorgung die längste Tradition in Frankreich. Als "Partenariat" hat die Idee der Partnerschaft im o.g. Sinne eine mehr als hundertjährige Tradition in der Wasserver- und -entsorgung. Heute haben die Kommunen 75% der Wasserversorgung und 55% der Abwasserentsorgung an private Dienstleistungsunternehmen delegiert. Hinreichende Bedingung für diese Zusammenarbeit von Staat und privaten Unternehmen ist die Einstufung von Wasser als kommerziellem Gut und folgerichtig die kommunal- und steuerrechtliche Einordnung der Abwasserentsorgung in die Gruppe der "Services Publics Industriel et Commerciaux" (SPIC), d.h. als wirtschaftliche Tätigkeit.

Aufgrund der ländlichen Struktur mit einer Vielzahl von kleinen Gemeinden, hat sich in Frankreich eine Vielfalt an Vertragsformen entwickelt, die den unterschiedlichen lokalen Gegebenheiten Rechnung tragen. Vorherrschend sind Variationen des Pachtvertrages (affermage), bei dem die Gemeinde für die Anlage inklusive der erforderlichen Investitionen, das Unternehmen gegen ein Entgelt für den Betrieb verantwortlich ist. Die Laufzeiten dieser Verträge liegen i.d.R. bei 5 bis 12 Jahren. Der zweithäufigste Vertragstyp ist der Konzessionsvertrag (concession), bei dem das private Unternehmen auch die Investitionen in die Anlagen übernimmt. Die Laufzeiten der Verträge sind hier mit bis zu 24 Jahren wesentlich länger. Bei beiden Fällen verbleibt das Eigentum bei der Gemeinde.

Besonders hervorzuheben ist der uneingeschränkte Wettbewerb zwischen mehreren großen Privatunternehmen sowie innerhalb dieser Unternehmen zwischen Töchtern und Zweigniederlassungen, wodurch der Druck zu Kosteneffizienz und Innovation bestehen bleibt. Durch die im Vergleich zu Deutschland i.d.R. kürzeren Vetragslaufzeiten sind die Betreiber mit Blick auf eine Vetragsverlängerung gezwungen, sich um gleichbleibende Qualität ihrer Dienstleistung zu bemühen.

Derzeit stehen ca. 65 Unternehmen im Wettbewerb auf dem französischen Dienstleistungsmarkt für Abwasserentsorgung. Mit einem auf die Größe aller in Frankreich installierten Anlagen bezogenen Anteil von 40%, ist die Compagnie Générale des Eaux S.A. (CGE) mit ihren Töchtern (Umsatz 1990 116,8 Mrd. FFR) davon das größte Unternehmen. Von der Lyonnaise des Eaux-Dumez (LED) werden rund 15% der privatisierten Kläranlagen betrieben (Jahresumsatz in der Gruppe 1990 72 Mrd. FFR). Beide Firmen sind weltweit aktiv und über Beteiligungen und Töchter auf dem deutschen Markt vertreten.

Neben diesen beiden Firmen gibt es weitere Unternehmensgruppen, die allerdings eine wesentlich geringere Bedeutung haben und auf dem deutschen Markt noch nicht aktiv in Erscheinung getreten sind. Davon die wichtigste ist die Société d'Aménagement Urbain et Rural (SAUR) mit ca. 4% Marktanteil (Jahresumsatz 1990 4,3 Mrd FFR). Andere sind mittlerweile in einer der beiden großen Gruppen aufgegangen, wie z.B. die Société de Distribution d'Eau Intercommunementale in der LED.

3. England

Ganz anders liegen die Verhältnisse in England. Bis zum ersten Weltkrieg gab es rund 2000 kleine Gesellschaften für die Wasserversorgung, zumeist von örtlichen Behörden dominiert. Aus Rationalisierungsgründen fanden zahlreiche Fusionen statt, so daß bis zum zweiten Weltkrieg knapp 190 große Gesellschaften existierten. Mit dem Wassergesetz von 1973 wurden diese nach hydrographischen Kriterien in zehn Gebietskörperschaften zusammengefaßt (Water Authorities), die als Wasser- und Abwasserverbände 15 Jahre lang agierten.

Die mit den höheren Anforderungen der EG-Standards für Trinkwasser und Abwasser erforderlichen logistischen und technologischen Aufgaben konnten in den Verbandsbehörden nicht schnell genug umgesetzt werden. Der wesentliche Engpaßfaktor war dabei die Finanzierung. 1989 wurden die hoheitlichen Funktionen auf eine Behörde (National River Authority) und die exekutiven Funktionen auf zehn neue private Gesellschaften (Water Service Companies) übertragen. Neben diesen blieben 29 von den bis auf das 18. Jahrhundert zurückgehenden privatwirtschaftlichen "Statuatory Water Companies" bestehen, die ausschließlich für die Wasserversorgung zuständigen sind. Die "Water Service Companies" haben inzwischen eine Managementstruktur wie etwa die deutschen Energieversorgungskonzerne und beginnen bereits, sich als internationale Versorgungsdienstleistungsunternehmen auf dem Weltmarkt zu engagieren. Thames - , North West - und Severn Trent Water gehörten 1990 zu den 100 größten Privatunternehmen in England.

Obwohl eine Bewertung des englischen Systems der Abwasserentsorgung aufgrund der 1989 erfolgten Umstrukturierung heute noch nicht möglich ist, lassen sich erste Einschätzungen formulieren. Zwar wurde eine klare Trennung zwischen hoheitlichen und exekutiven Aufgaben vorgenommen und die "Water Service Companies" unter die Aufsicht einer staatlichen Stelle gestellt, des "Office of Water Services", doch findet in England anders als in Frankreich und Deutschland innerhalb der den privaten Gesellschaften zugewiesenen Gebieten kein echter Wettbewerb mehr statt. Dies ist der von staatlicher Seite akzeptierte Preis für die Bereitstellung von Kapital, das nach einer langen Phase fehlender Investitionen, für eine ordnungsgemäße Abwasserreinigung erforderlich ist. Die rechnerische Rendite des eingesetzten Kapitals, gesteuert durch ein System von Preissteigerungsraten (K-Factors) und Anpassungsmechanismen (Cost-Pass-Through-System), soll mit 8% rund doppelt so hoch liegen, wie der britische Aktiendurchschnitt. Im Gegensatz zu Frankreich und Deutschland, sind die "Water Service Companies" sowohl Betreiber als auch Eigentümer der Anlagen. Ob dieser trade-off zwischen streng kontrollierten aber auch staatlichen gewollten Regionalmonopolen tatsächlich die notwendigen Investitionen stimuliert, muß noch abgewartet werden. Eine Schwachstelle des Systems ist sicherlich der mangelnde Anreiz zu interner Effizienzsteigerung.

4. Deutschland

In Deutschland hat die Abwasserentsorgung eine tief verankerte hoheitliche Tradition, die in der Kommunalverfassung, im Steuerrecht und in den Fachgesetzen vielfach fixiert ist. Mit der deutschen Wiedervereinigung haben Kosten-, Effizienzprobleme und Umweltanforderungen einen neuen Stellenwert bekommen, so daß im Sinne einer gemeinsamen Erklärung der Umwelt- und Wirtschaftsminister vom Dezember 1991 eine wachsende Zahl privatwirtschaftlicher Modelle im Abwasserbereich realisiert wurden. Bevor privatwirtschaftliche Organisationsformen mit ihren Vor- und Nachteilen dargestellt werden können, müssen die i.d.R. bestehenden Leistungsbereiche analysiert und bewertet werden.

Insgesamt lassen sich die Leistungsbereiche in verschiedene Blöcke unterteilen, die entweder dem exekutiven privaten oder dem hoheitlichen, öffentlichen Bereich zugeordnet werden müssen. An erster Stelle stehen die gesetzlichen Randbedingungen, die eindeutig dem hoheitlichen Bereich zugeordnet werden müssen. Im nächsten Block, der die Bereiche Planung, Finanzierung, Bau, Ausrüstung und Betrieb umfaßt, ist eine Zuordnung zu hoheitlichen Bereichen nur in wenigen Teilen möglich. Insbesondere die Bereiche Planung, Finanzierung, Bau und Ausrüstung werden bei sämtlichen Organisationsformen fast immer von privaten Institutionen durchgeführt - allerdings im Auftrag und unter der Regie der öffentlichen Hand als Investor. Lediglich der Betrieb wird in den meisten Fällen (im Regiebetrieb) von den Kommunen selbst übernommen. Die daraus resultierenden Kosteneinflußmöglichkeiten sind begrenzt, weil fast 90% der Kosten durch die technisch-logistische Konzeption bestimmt werden, die zum größten Teil schon während der Planungsphase festgelegt werden.

Als letzter Block ist die Kontrolle der weisungsgemäß durchzuführenden Aufgabe anzuführen, die wieder eindeutig dem öffentlichen/hoheitlichen Bereich zuzuordnen ist und aus ordnungspolitischen Gründen von Durchführungsaufgaben getrennt sein sollte (wenn wie im Falle der Abwasserentsorgung die Kommune gleichzeitig für Wirtschaftsförderung, Indirekteinleiterüberwachung und Klärwerksbetrieb exekutiv und hoheitlich verantwortlich ist, können nachteilige Interessenkollisionen entstehen!).

Neben einer kompletten Übertragung der Ausführung hoheitlicher Aufgaben an einen privaten Dritten (nicht zu verwechseln mit der Pflicht zur politischen Definition der Aufgabe selbst, die grundsätzlich beim Staat verbleibt) sind unterschiedlichste Formen denkbar, die sämtliche o.g. Leistungsbereiche ganz oder auch nur zum Teil abdecken können. Um eine repräsentative Übersicht zu verschaffen, sollen nachfolgend mögliche Organisationsformen vorgestellt und Vor- und Nachteile diskutiert werden. Grundsätzliche Alternativen der Organisationsformen sind:

a) **Der Regiebetrieb:**
Die Abwasserentsorgung ist Teil der Kommunalverwaltung.

b) **Der Eigenbetrieb:**
Wie a), jedoch eigener Haushalt und Werksausschuß.

c) **Die Eigengesellschaft:**
Wie b), jedoch als rechtlich selbständige GmbH.

d) **Das Betreibermodell:**
Wie d), jedoch ohne kommunale Beteiligung. Dadurch möglich: Ausschreibung und fixierte Pauschalpreise.

e) **Das Kooperationsmodell:**
Wie c), jedoch mit privater Beteiligung (z.B. 49 %).

Desweiteren sind verschiedene Varianten praktiziert worden, wie das Besitzermodell (private Anlagenbesitzer, Anlagenbetrieb durch andere Unternehmen oder Kommune), das Teilhoheitsmodell (Anlageneigentum z.B. im kommunalen Verband, Errichtung und Betrieb im Kooperationsmodell), das BOT- oder Kurzzeitbetreibermodell (build, operate and transfer, wie Betreibermodell, aber z.B. nur 8 Jahre Laufzeit, danach Rückkauf der Anlagen durch Verband bzw. Kommune), das Pachtmodell (Errichtung der Anlage durch Privaten, Anpachtung durch die Kommune) und zahlreiche "Kommunalmodelle", "Beratungsmodelle", "Managementmodelle" etc., die zum Teil kritisch und mit neutralem Sachverstand zu überprüfen sind

Als hoheitliche Organisationsformen existieren der Regie- und Eigenbetrieb, als Zwischenform die Eigengesellschaft und als privatwirtschaftliche Formen das Betreiber- und Kooperationsmodell. In **Abbildung 1** sind die spezifischen Eigenschaften der verschiedenen Betriebsformen beschrieben.

Standen früher bei der Privatisierung hauptsächlich die wirtschaftlichen Vorteile für die öffentliche Hand und die Verbraucher im Vordergrund, sind in jüngster Zeit andere Aspekte ebenso wichtig geworden. Aufgrund der Verschärfung der ökologischen Randbedingungen innerhalb der EG und damit auch der Einleitwerte in Deutschland sind Abwasserereinigungsanlagen technisch immer aufwendiger und damit immer komplizierter im Handling geworden. Die Erhöhung der technischen Komplexität macht ein größeres Know-how nicht nur für die Planung und den Bau, sondern auch für den Betrieb dieser Anlagen notwendig.

Kommunen und Verbände besitzen i.d.R. wenig Erfahrung mit diesen komplexen Anlagen und kämpfen zusätzlich mit dem Problem, aufgrund der großen Nachfrage im Umweltschutzbereich nicht ausreichend qualifiziertes Personal akquirieren zu können. Der Vorteil der Privatisierung besteht hier im Zukauf von speziellem Know-how und einem erfahrenen Personalstamm, nicht nur bei Planung und Bau, sondern auch im Betrieb der Kläranlagen, Kanalisation usw.

Abbildung 1: Eigenheiten der Betriebsformen

Regiebetrieb	Eigenbetrieb	Eigengesellschaft	Betreibermodell	Kooperationsmodell
+ in die allgemeine Gemeindeverwaltung eingegliedert + Einnahmen und Ausgaben im allgemeinen Gemeindehaushalt erfaßt + Zuständigkeiten und Weisungsbefugnisse entsprechen den allgemeinen Regeln für die Gemeindeverwaltung + kein Betriebsführer mit umfassenden Kompetenzen	+ rechtlicher Bestandteil der Gemeinde + Rechnungswesen weitgehend aus der allgemeinen Verwaltung herausgelöst (Sondervermögen der Gemeinde mit kaufmännischem Rechnungswesen) + Betrieb von Werkleiter mit umfangreichen Kompetenzen geführt	+ Unternehmen in privater Rechtsform, dessen Eigenkapital vollständig von der Gemeinde gehalten wird (GmbH oder AG) + hauptamtliche Geschäftsführung, Aufsichtsrat meist durch Ratsmitglieder und Verwaltungsbeamte besetzt + erbringt im Auftrag der Gemeinde Leistungen, für die sie privatrechtliches Entgelt erhält + Weisungsbeziehungen zwischen Gemeinde und Gesellschaft bestehen	+ Leistung "Abwasserbeseitigung" wird von privaten Unternehmen im Auftrag der Gemeinde erstellt + privatrechtliches Entgelt wird von der Gemeinde an Unternehmen entrichtet + Leistungsvorgaben müssen Vertragsgegenstand werden, zwei voneinander unabhängige Vertragspartner stehen einander gegenüber	+ zwei Formen der Zusammenarbeit zwischen Gemeinde und privaten Unternehmen a) - Gemeinde gründet gemeinsam mit privatem Unternehmen eine Eigentumsgesellschaft in privater Rechtsform, die die Leistung Abwasserbeseitigung für die Gemeinde erstellt - direkter Einfluß der Gemeinde auf Leistungserbringung über Anteile am Gemeinschaftsunternehmen b) - Gemeinde ist Mitgesellschafterin einer Betriebsgesellschaft, die die Anlagen von einem privaten Unternehmen pachtet - bei beiden Formen umfangreiches Vertragswerk nötig

Eine große Rolle spielt die Möglichkeit der schnelleren Realisierung von Umweltschutzmaßnahmen, zum einen Dank der privaten Kapazitäten bzw. des Know-how und zum anderen Dank der privaten Finanzierung. Dieser Aspekt ist aufgrund des Nachholbedarfs in den neuen Bundesländern und der Funktion fehlender Infrastruktur als Engpaßfaktor für Entwicklung bei der allgemeinen angespannten Finanzsituation der öffentlichen Kassen besonders wichtig.

Abbildung 2 zeigt mögliche Zielkriterien für die Bewertung der unterschiedlichen Organisationsformen.

5. Ausblick

Ziel der im **Verband privater Abwasserentsorger** zusammengeschlossenen Fachfirmen ist es, marktwirtschaftliche Wege zu ökologisch vernünftigen sowie ökonomisch und damit sozial vertretbaren Lösungen für die anstehenden Aufgaben in der Abwasserbehandlung zu finden. Dabei sind die Erfahrungen aus anderen europäischen Ländern und die mit dem Zusammenwachsen Europas einhergehende Internationalisierung des Wettbewerbs wichtige Impulse.

Bei aller länderspezifischen Eigenheit der oben dargestellten Erfahrungen, eröffnet die französische Herangehensweise interessante Perspektiven für die Herausforderungen in den neuen Bundesländern. Für eine Bewertung der englischen Umstrukturierung ist es noch zu früh.

Die Entwicklung in den anderen europäischen Mitgliedsstaaten verdient einer weiteren eingehenden Betrachtung unter Berücksichtigung der technischen und ökonomischen Besonderheiten. Dennoch können die abschließend zitierten Abbildungen zeigen einen ersten Eindruck vom Stand der Abwasserbehandlung in Europa vermitteln.

Vorteile unterschiedlicher Organisationsformen der Abwasserentsorgung in Deutschland

Zielkriterien/Vorteile	Regiebetrieb	Eigenbetrieb	Kooperations-modell	Betreibermodell
Schnelle Realisierung	(0)	(0)	X	X
Kosteneffizienz	0	0	(X)	X
Entlastung des Haushalts	-	(0)	X	X
Strafrechtliche Entlastung	(0)	(0)	(X)	(X)
Funktionstrennung	-	(=)	(X)	X
Querverbundmöglichkeit	(-)	(0)	X	(0)
Kommunaler Einfluß	X	(X)	(0)	0
Ganzheitliche Optimierung	(0)	(0)	(X)	X
Flexibilität	(X)	(O)	X	(-)
X = trifft zu - = trifft nicht zu 0 = denkbar ( ) = nur unter bestimmten Voraussetzungen				

Legende

1. Schnelle Realisierung — Erforderlich dazu sind ausreichende Projektmanagement-Kapazitäten in Form von Personal- und Finanzierungsmittel, außerdem rasche und flexible Entscheidungswege.

2. Kosteneffizienz — Insbesondere dort günstig, wo die Verantwortlichen ökonomischen Anreizen unterliegen und zum Kostensparen angeregt werden, insbesondere unter Wettbewerb.

3. Entlastung des Haushaltes — Gemeint ist der kommunale Vermögenshaushalt.

4. Strafrechtliche Entlastung — Sie ist dort gegeben, wo die Verantwortung nachvollziehbar delegiert wird und die übertragenen Aufgaben ordnungsgemäß kontrolliert wurden. Abhängig von der klaren Funktionszuteilung und Dienstanweisung z.B. im Regiebetrieb oder von der Vertragsgestaltung im Kooperationsmodell / Betreibermodell.

5. Funktionstrennung — Sie ist dort gegeben, wo hoheitliche Funktion (Kontrolle, Grundsatzentscheidungen) von exekutiven Funktionen (Durchführungsaufgabe, Betriebsverantwortung etc.) getrennt sind.

6. Kommunaler Einfluß — Wird oft erwünscht, kann sich jedoch auch nachteilig auswirken (Parteienproporz beim Klärwerksbetrieb).

7. Flexibilität bzw. Anpassungsfähigkeit — An sich wesentlich ändernde technische oder ökonomische Randbedingungen. Bei unscharfen Randbedingungen kann es einen festen Betreiberpreis nicht oder nur eingeschränkt geben. Beim Betreibermodell greifen die entsprechenden Vertragsklauseln (Gleitklausel, Nachträge). Im Kooperationsmodell bestehen wegen des Kostenumlageprinzips praktisch keine Restriktionen. Beim Eigenbetrieb und im Regiebetrieb ist ggf. eine Änderung der Werkssatzung und der inneren Organisation erforderlich.

8. Querverbundmöglichkeit — Zum Beispiel Abwasser und Wasser, Gas, Strom, Abfall etc.

9. Ganzheitliche Optimierung — Sie ist dort nicht gegeben, wo getrennte Verantwortlichkeiten für Planung, Finanzierung, Bau und Betrieb bestehen und der Abgleich auf der theoretischen Ebene (Planungs-Richtwerte) jedoch nicht unter Wettbewerb erfolgt.

Abbildung 2

9B. Population served by sewage treatment works

	1970 %	1975 %	1980 %	1985 %	1990 none %	1990 primary %	1990 secondary %	1990 tertiary %
Belgium	3.8	5.5	22.9		55	45	0	0
Denmark	54.3	70.6		90.0	5	25	65	5
France	40.0		61.5	63.7	60	40	0	0
Germany (West)	61.8	74.8	81.8	86.5	0	11	81	8
Greece			0.5		82	18	0	0
Ireland			11.2		30	15	54	1
Italy	14.0		30.0		na	na	na	na
Luxembourg	28.0		81.0	83.0	8	8	84	0
Netherlands		45.0	68.0	81.0	15	7	75	3
Portugal	3.1	6.0	10.0	12.0	55	20	23	2
Spain		14.3	17.9	29.0	74	17	9	0
UK			82.0	83.0	0	10	80	10

Source: WHO 'International drinking water supply and sanitation decade'. April 1990 for 1990 data

Source: 'OECD Environmental Data - compendium 1987' for 1970 to 1985 data

9C. Sewage connections and volumes

	% population served by sewage works	% connected to sewer	Total no. of sewage works	No. of sewage works serving >100,000
Belgium	25	58	292	13
Denmark	92	94	1805	18
France	50	65	7805	
Germany (West)	86	91	8456	137
Greece	10	40	26	2
Ireland	25	66	530	2
Italy			3783	102
Luxembourg	76	96	324	1
Netherlands	88	92	485	64
Portugal	37	38	166	
Spain	43	80	1595	
UK	83	96	7645	102
England & Wales	83	96	6524	

Source: Commission of EC. 'Updating of statistical data about sewage works', Feb 1990. Most data for 1988.

Quelle:
S. 52 Waterfacts, Hrsg. Water Services Association, London, 1992

Sigg/Stumm

Aquatische Chemie

Eine Einführung in die Chemie wässriger Lösungen und in die Chemie natürlicher Gewässer

Ziel dieses Buches ist es, ein Verständnis für die wichtigsten chemischen, biologischen und physikalischen Prozesse zu wecken, welche die chemische Zusammensetzung natürlicher Gewässer berühren. Die aquatische Chemie baut auf den physikalischen chemischen Gesetzmäßigkeiten der Elektrolytchemie (Chemie wässriger Lösungen, Redox- und Koordinationschemie) und der Grenzflächenchemie, insbesondere Grenzfläche Fest-Wasser, auf. Sie befaßt sich mit Zuständen gelöster und suspendierter Komponenten in natürlichen Gewässern, mit den Gleichgewichten und den Prozessen, in denen sie involviert sind. Die aquatische Chemie wird neben der Grundlagenchemie durch andere Wissenschaften – insbesondere der Geologie und der Biologie – beeinflußt; sie bildet aber auch eine wichtige Grundlage für verwandte Disziplinen, wie die Geochemie, die Hydrobiologie, die Boden- und Atmosphärenchemie und die Wassertechnologie.

Das Buch richtet sich ebenso an Praktiker und Forscher, die in der Chemie der Gewässer und ihrer Beeinträchtigung durch die Zivilisation und in ihren Wechselbeziehungen mit Luft und Boden engagiert sind. Die Autoren haben sich dabei bemüht, das Buch so zu gestalten, daß es auch von Lesern ohne umfangreiche chemische Vorbildung verstanden werden kann.

Von Priv.-Doz. Dr. **Laura Sigg** und Prof. Dr. **Werner Stumm,** Eidg. Technische Hochschule Zürich

3., vollst. überarb. und erw. Aufl.
1994. 498 Seiten.
16,2 × 22,9 cm.
Kart. DM 59,–
ÖS 460,– / SFr 54,–
ISBN 3-519-23651-6

Gemeinschaftsausgabe B. G. Teubner Stuttgart – Verlag der Fachvereine Zürich

Preisänderungen vorbehalten.

B. G. Teubner Stuttgart